现代电梯技术系列教材

高等院校、电梯企业及特种设备安全监督检
验研究院等单位合作编写
国内第一套系统的电梯技术教材

电梯安装施工管理与建筑工程基础

主　编　蒋黎明
副主编　郑　钢　陈启东　马文斌　郑曲飞
主　审　李守林

苏州大学出版社

图书在版编目(CIP)数据

电梯安装施工管理与建筑工程基础/蒋黎明主编
.—苏州:苏州大学出版社,2013.3(2017.2重印)
现代电梯技术系列教材
ISBN 978-7-5672-0215-3

Ⅰ.①电… Ⅱ.①蒋… Ⅲ.①电梯－安装－建筑工程
－施工管理－教材 Ⅳ.①TU857

中国版本图书馆 CIP 数据核字(2013)第 053927 号

内容简介

本书从电梯的安装施工管理的实际出发,介绍了电梯安装工程有关的基础知识;从安装流程入手,介绍了电梯安装的过程、关键工序、工程管理与质量控制、工程验收、安全技术、电梯对建筑的要求以及土建基础知识等。

本书收集了目前国内外主流品牌电梯的安装施工管理方法,也融入电梯对建筑方面的一些技术要求和编写者多年的研究心得,是一本理论联系实际的教材。

本书可供大专院校电梯工程专业方向作为教材使用,同时也是从事和服务于电梯工程的专业人员、电梯使用单位的管理人员、正在学习电梯知识的自学人员的教材和参考资料。

电梯安装施工管理与建筑工程基础

蒋黎明 主编

责任编辑 征 慧

苏州大学出版社出版发行
(地址:苏州市十梓街 1 号 邮编:215006)
丹阳市兴华印刷厂印装
(地址:丹阳市胡桥镇 邮编:212313)

开本 787 mm×1 092 mm 1/16 印张 14.5 字数 315 千
2013 年 3 月第 1 版 2017 年 2 月第 2 次印刷
ISBN 978-7-5672-0215-3 定价:32.00 元

苏州大学版图书若有印装错误,本社负责调换
苏州大学出版社营销部 电话:0512—65225020
苏州大学出版社网址 http://www.sudapress.com

《现代电梯技术系列教材》编委会

编委会主任： 戴国洪

编委会成员：（按姓氏笔画为序）

卜四清　朱林生　李　宁

芮延年　秦健聪　顾德仁

徐惠刚　郭兰中　康虹桥

蒋晓梅　蒋黎明　薛华强

戴国洪　魏山虎

序　言

电梯经过 150 多年的发展,在技术上日趋成熟,特别是随着微型计算机控制技术在电梯上的广泛应用,安全、可靠、高效、高速、智能化控制的电梯作为运输设备,已成为城市交通的重要组成部分,为人们的社会活动提供了便捷、迅速、优质的服务。

如今,电梯不仅是代步的工具,也是人类物质文明的标志。随着我国现代化建设规模的不断拓展,中国已成为世界上最大的电梯市场,整个电梯行业的发展蒸蒸日上,具有极其广阔的前景。我国现有各种电梯约 200 万台,并且以每年生产各类电梯 30 万台左右的速度向前发展,目前,我国电梯的产量已占世界产量的 1/2。

我国目前虽然已是电梯生产大国,但还不是电梯生产强国,在高速电梯、特种电梯及其关键技术上与国外先进技术还有一定的差距,同时如此大的电梯生产规模对高素质的电梯设计、制造、安装和维修人员的需求日益增加,培养、培训大量高素质电梯专业人员成为日益迫切的要求。在这种形势下,2010 年经教育主管部门批准,我国第一个"电梯工程"本科专业方向在常熟理工学院正式开办。

为了满足专业教材建设的需要,同时也为了满足从事电梯设计、制造、安装和维修人员学习进修的需要,常熟理工学院、广东特检院、苏州特检院、苏州大学出版社等组织电梯行业内专家编写了"现代电梯技术系列教材",包括《电梯技术》、《电梯电气原理与设计》、《电梯制造技术》、《电梯检验检测技术》、《特种电梯与升降设备》、《电梯安装施工管理与建筑工程基础》、《电梯故障诊断与维修》、《电梯法律法规与安全标准》、《电梯选型设计》、《电梯专业英语》等。

该系列教材以国家电梯标准和建筑设计标准为准绳,内容全面、系统、先进、实用、规范。在先进性方面,介绍了国内外电梯研究的最新成果,如可靠性设计技术、智能控制技术、先进制造技术等;在系统性方面,按照电梯设计、制造、安装施工、检测、电梯法律法规与安全标准、故障诊断与维修、特种电梯、电梯选型设计、电梯专业英语等内容系统编写;在实用性方面,通过应用实例说明理论和方法的应用。

我们相信"现代电梯技术系列教材"的出版,将对我国电梯人才的培养以及我国电梯工业的发展产生积极的推动作用。

中国电梯协会副秘书长

2013 年 1 月

前　言

随着市场经济的不断发展和人们物质生活需求的迅速提高,加之高层建筑的大批涌现,电梯作为高层建筑必备的直立交通工具大批投入运行。为确保电梯能够安全、舒适地投入使用,电梯施工及施工过程中的管理工作势必至关重要。有从事电梯工作的老师傅说:电梯质量四成靠制造,六成靠安装。这话可能不是绝对的,但是从另一方面强调了安装对电梯这种特殊设备的重要性,因此,电梯的施工管理就相当重要。电梯是整个建筑的一个小的组成部分,但电梯施工对建筑方面的要求却十分繁琐,在电梯书籍中很少有较全面地提到,而本书就以电梯行业标准结合工程实践,总结汇集了关于电梯施工对建筑工程的一些要求与电梯工程方面的基础知识的介绍,为广大电梯业内人员提供参考。

本书是作者多年来从事电梯设计、制造、安装、维修和技术培训工作的经验总结。为了便于读者掌握,力求理论联系实际,以便读者在较短时间内熟悉和掌握电梯的安装施工、施工管理、电梯对建筑方面的技术要求等相关知识。内容翔实,以"易学、易用"为宗旨,注重知识性、实用性。

本书由蒋黎明主编,郑钢、陈启东、马文斌、郑曲飞副主编,由李守林审稿。在编写过程中,由于时间仓促,水平有限,错误和不妥之处在所难免,敬请广大读者批评指正,以便及时修订。

编　者

2013 年 1 月

目录 Contents

第1章 电梯基本知识
　　1.1　电梯的定义和电梯的发展概述 …………………………… (1)
　　1.2　电梯的分类、型号及参数 ………………………………… (2)
　　1.3　电梯的基本构成 …………………………………………… (8)
　　1.4　其他梯种结构及特点简介 ………………………………… (9)
　　思考题 …………………………………………………………… (15)

第2章 电梯安装施工
　　2.1　电梯安装前的准备工作 …………………………………… (16)
　　2.2　电梯机械零部件的安装 …………………………………… (26)
　　2.3　电梯电气装置的安装 ……………………………………… (59)
　　2.4　电梯调试与试运行 ………………………………………… (65)
　　2.5　电梯无脚手架安装施工 …………………………………… (66)
　　2.6　自动扶梯与自动人行道安装施工简述 …………………… (73)
　　2.7　电梯安装工程常见问题 …………………………………… (88)
　　思考题 …………………………………………………………… (96)

第3章 电梯安装现场的施工管理
　　3.1　电梯安装施工管理的主要工作内容 ……………………… (97)
　　3.2　电梯项目经理的基本要求 ………………………………… (101)
　　3.3　电梯安装施工各项管理制度 ……………………………… (106)
　　3.4　电梯安装施工管理方法 …………………………………… (113)
　　3.5　电梯安装工程管理案例分析 ……………………………… (115)

思考题 …………………………………………………………………… (118)

第4章 电梯工程质量管理

4.1 电梯工程质量的重要性 …………………………………………… (119)

4.2 电梯工程质量管理体系的建设 …………………………………… (120)

4.3 电梯工程过程质量控制 …………………………………………… (123)

4.4 电梯质量验收 ……………………………………………………… (134)

4.5 电梯成品保护 ……………………………………………………… (141)

思考题 …………………………………………………………………… (143)

第5章 电梯工程的安全管理

5.1 电梯安全技术条件 ………………………………………………… (144)

5.2 电梯安全管理基本内容 …………………………………………… (145)

5.3 电梯安全管理制度、规程 ………………………………………… (151)

5.4 电梯安全事故的原因及预防 ……………………………………… (153)

思考题 …………………………………………………………………… (158)

第6章 电梯建筑工程基础

6.1 电梯标准中对电梯建筑的一些规定 ……………………………… (159)

6.2 垂直梯井道的土建要求 …………………………………………… (165)

6.3 机房的土建要求 …………………………………………………… (170)

6.4 无机房电梯井道的顶层土建要求 ………………………………… (172)

6.5 电梯在建筑物中的布置及电梯的合理配置 ……………………… (173)

6.6 电梯噪音难题的解决思路 ………………………………………… (181)

6.7 电梯土建基本知识介绍 …………………………………………… (185)

思考题 …………………………………………………………………… (198)

附录Ⅰ 常用电梯标准及技术规范目录 ……………………………… (199)

附录Ⅱ 电梯土建常用表单 …………………………………………… (200)

参考文献 ………………………………………………………………… (222)

第1章 电梯基本知识

1.1 电梯的定义和电梯的发展概述

1.1.1 电梯的定义

电梯是服务于规定楼层的固定式升降设备,它具有一个轿厢,运行在至少两列垂直的或倾斜角小于15°的刚性导轨之间。轿厢尺寸与结构型式便于乘客出入或装卸货物。

电梯的定义源于较早的一个规定,随着科技的发展和人们需求的不断增多,电梯的定义已不足以满足如今的电梯行业,因为当今市场上已经出现了轿厢运行于倾斜角大于15°的刚性导轨之间的电梯,我们称它为斜行电梯。

1.1.2 电梯的发展简史

电梯作为升降设备,其起源可追溯到公元前1000多年前我国劳动人民发明的辘轳。世界上第一台以蒸汽机为动力、配有安全装置的载人升降机,是1852年由美国人伊莱沙·格雷天斯·奥的斯发明的。1889年,美国奥的斯升降机公司推出了世界上第一部以直流电动机为动力的升降机,诞生了名副其实的电梯。

1900年开始出现交流感应电动机驱动的电梯。1903年出现了槽轮式(即曳引式)驱动的电梯,为长行程和具有高度安全性的现代电梯奠定了基础。

在20世纪上半叶,电梯的电力拖动,尤其是高层建筑中的电梯,几乎都是直流拖动。直到1967年晶闸管用于电梯拖动,研制出交流调压调速系统,才使交流电梯得到快速发展。80年代随着电子技术的完善,出现了交流变频调速系统。信号控制方面用微机取代传统的继电器控制系统,使故障率大幅下降,电梯的速度也由 0.5 m/s 发展到目前的 16 m/s。现代电梯向着低噪音、节能高效、全电脑智能化方向发展,具有高度的安全性和可靠性。

1.1.3 电梯的发展趋势

电梯的发展趋势是指发展中的电梯无论在结构上还是在特性、功能上,都要逐渐满足人们对电梯提出的越来越高的要求,这些要求如下:

1. 电梯结构

采用先进的制造工艺及控制技术,使电梯的结构越来越紧凑、精巧、坚固、美观及实用。

2. 电梯运行性能

采用先进的自动控制理论、传动与控制技术,使电梯在运行过程中具有安全、可靠、快速、准确、平稳的特性,从而使电梯具有良好的乘坐舒适感,给人以短暂的享受。

越来越多的电梯进入高层建筑,电梯节能运行是电梯开发及使用的关键。有效地改善电网供电质量,充分利用现有能源,想方设法减少电梯设备及传动系统的能量损失,这些都是电梯节能的有效措施。

1.2 电梯的分类、型号及参数

1.2.1 电梯的分类

电梯的分类比较复杂,一般从不同的角度进行分类。

1. 按用途分类

(1) 乘客电梯:代号 TK。

为运送乘客而设计的电梯。适用于高层住宅以及办公大楼、宾馆、饭店旅馆的电梯,用于运送乘客,要求安全舒适,装饰新颖美观。

(2) 载货电梯:代号 TH。

通常有人伴随,主要为运送货物而设计的电梯。要求结构牢固,安全性好。为节约动力装置的投资和保证良好的平层精度常取较低的额定速度,轿厢的容积通常比较宽大,一般轿厢深度大于宽度或两者相等。

(3) 病床电梯:代号 TB。

为运送病床(包括病人)及医疗设备而设计的电梯。其特点是轿厢窄而深,对运行稳定性要求较高,运行中噪音应力求减小,一般有专职司机操作。

(4) 住宅电梯:代号 TZ。

供居民住宅楼使用的电梯。主要运送乘客,也可运送家用物件或生活用品,速度在低、快速之间。

(5) 杂物电梯(服务电梯):代号 TW。

供运送一些轻便的图书、文件、食品等,但不允许人员进入轿厢,由厅外按钮控制,额定载重量有 40 kg、100 kg、250 kg 等数种,轿厢的运行速度通常不大于 0.4 m/s。

(6) 船用电梯:代号 TC。

船用电梯是固定安装在船舶上为乘客、船员或其他人员使用的提升设备,它能在船舶的摇晃中正常工作,速度一般应不大于 1 m/s。

(7) 观光电梯:代号 TG。

井道和轿壁至少有一侧透明,乘客可观看到轿厢外景物的电梯。

(8) 车用电梯(汽车电梯):代号 TQ。

用作运送车辆而设计的电梯,如高层或多层车库、立体仓库等处都有使用。这种电梯的轿厢面积都大,要与所装运的车辆相匹配,其构造则应充分牢固,有的无轿顶,升降速度一般都较低(小于 1 m/s)。

(9) 其他电梯。

用作专门用途的电梯,如冷库电梯、防爆电梯、矿井电梯、建筑工程电梯等。

2. 按运行速度分类

电梯按运行速度分类,界限并无统一规定,一般分类方法如下:

(1) 低速梯:额定速度不大于 1 m/s 的电梯,通常用于 10 层以下的建筑物或客货两用电梯或货梯。

(2) 中速梯:额定速度大于 1 m/s 且小于等于 2 m/s 的电梯,通常用在 10 层以上的建筑物内。

(3) 高速梯:额定速度大于 2 m/s 且小于等于 4 m/s 的电梯,通常用在 16 层以上的建筑物内。

(4) 超高速梯:额定速度大于 4 m/s 的电梯,通常用于超高层建筑物内。

3. 按拖动方式分类

(1) 直流电梯:代号 Z。

其曳引电动机为直流电动机,根据有无减速箱,分为有齿直流电梯和无齿直流电梯,根据电气拖动控制方式,通常为直流发动机-电动机拖动系统采用可控硅励磁装置(现已淘汰)和采用可控硅直接供电的可控硅-电动机拖动系统两种,其特点为性能优良、梯速较快,通常在 4 m/s 以上,有的达到高速运行。

(2) 交流电梯:代号 J。

① 单速,曳引电动机为交流电动机,速度一般在 0.5 m/s 以下。

② 双速,曳引电动机为交流双速电动机,并有高、低两种速度,速度常在 1 m/s 以下。

③ 三速,曳引电动机为交流三速电动机,并有高、中、低几种速度,速度一般在 1 m/s 以下。

④ 交流调速电梯,曳引电动机为交流,装有测速装置。

⑤ 交流变频调速电梯,俗称 VVVF 电梯,通常采用微电脑控制、逆变器驱动,以及速度、电流等反馈装置。在调节定子频率的同时,调节定子中电压,以保持磁通恒定,是一种新式拖动控制方法,其性能优越、安全可靠。

(3) 液压电梯:代号 Y。

依靠液压驱动的电梯。根据柱塞安装位置有柱塞直顶式,其油缸柱塞直接支撑轿厢底部,使轿厢升降;有柱塞侧置式,其油缸柱塞设置在井道侧面,借助曳引绳通过滑轮组与轿厢连接,使轿厢升降,梯速常为 1 m/s 以下。

(4) 齿轮齿条电梯。

齿条固定在构架上,采用电动机-齿轮传动机结构,装于电梯的轿厢上,利用齿轮在齿条上的爬行来拖动轿厢运行,一般用在建筑工程中。

(5) 螺杆式电梯。

将直顶式电梯的柱塞加工成矩形螺纹,再将带有推力轴承的大螺母安装于油缸顶,然后通过电机经减速器(或皮带传递)带动大螺母旋转,从而使螺杆顶升轿厢上升或下降。

(6) 直线电机驱动电梯。

用直线电动机作为动力源,是一种新型驱动方式的电梯。

4. 按操纵控制方式分类

(1) 手柄开关操纵,轿厢内开关控制:代号 S。

电梯司机转动手柄位置(开断/闭合)来操纵电梯运行或停止。要求轿厢上装玻璃窗口,便于司机判断层数,控制开关,这种电梯又包括自动门和手动门两种,多使用在货梯。

(2) 按钮控制:代号 A(按钮)。

电梯运行由轿厢内操纵盘上的选层按钮或层站呼梯按钮来操纵。某层站乘客将呼梯按钮揿下,电梯就启动运行去应答。在电梯运行过程中如果有其他层站呼梯按钮揿下,控制系统只能把信号记存下来,不能去应答,而且也不能把电梯截住,直到电梯完成前应答运行层站之后方可应答其他层站呼梯信号。它是一种具备简单控制的电梯,有自平层功能,有轿厢外按钮控制和轿内按钮控制两种形式。

(3) 信号控制:代号 XH(信号)。

把各层站呼梯信号集合起来,将与电梯运行方向一致的呼梯信号按先后顺序排列好,电梯依次应答接运乘客。电梯运行取决于电梯司机操纵,而电梯在任何层站停靠由轿厢操纵盘上的选层按钮信号和层站呼梯按钮信号控制。电梯往复运行一周可以应答所有呼梯信号。

这是一种自动控制程度较高的电梯,除了具有自动平层和自动开门功能外,尚有轿厢命令登记、厅外召唤登记、自动停层、顺向截停和自动换向等功能,通常用于有司机客梯或客货两用电梯。

(4) 集选控制:代号 JX(集选)。

在信号控制的基础上把呼梯信号集合起来进行有选择的应答。电梯为无司机操纵。在电梯运行过程中,可以应答同一方向所有层站呼梯信号和按照操纵盘上的选层按钮信号停靠。电梯运行一周后,若无呼梯信号就停靠在基站待命。为适应这种控制特点,电梯在各层站停靠时间可以调整,轿门设有安全触板或其他近门保护装置,轿厢设有过载保护装置等。

(5) 下集合(选)控制。

集合电梯运行下方向的呼梯信号,如果乘客欲从较低层站往较高层站去,须乘电梯至底层基站后再乘电梯到要去的高层站。

(6) 并联控制电梯:代号BL(并联)。

共用一套呼梯信号系统,把两台或三台规格相同的电梯并联起来控制。无乘客使用电梯时,经常将停靠在基站待命的一台电梯称为基梯;将停靠在行程中间预先选定的层站的另一台电梯称为自由梯。当基站有乘客使用电梯并启动后,自由梯即刻启动前往基站充当基梯待命。当有除基站外其他层站呼梯时,自由梯就近先行应答,并在运行过程中应答与其运行方向相同的所有呼梯信号。如果自由梯运行时出现与其运行方向相反的呼梯信号,则在基站待命的电梯就启动前往应答。先完成应答任务的电梯就近返回基站或中间选下的层站待命。

三台并联集选组成的电梯,其中两台作为基梯,一台为自由梯。运行原则同两台并联控制电梯。并联控制电梯,每台均具集选控制功能。

(7) 梯群控制:代号QK(群控)。

具有多台电梯客流量大的高层建筑物中,把电梯分为若干组,每组四至六台电梯,将几台电梯控制连在一起,分区域进行有程序或无程序综合统一控制,对乘客需要电梯情况进行自动分析后,选派最适宜的电梯及时应答呼梯信号。

群控是用微电脑控制和统一调度多台集中并列的电梯,它使多台电梯集中排列,共用厅外召唤按钮,按规定程序集中调度和控制。其程序控制分为四程序及六程序,前者将一天中客流情况分成四种,例如:上行高峰状态运行,下、上行平衡状态运行和下行高峰状态运行及杂散状态运行,并分别规定相应的运行控制方式。后者较前者多上行较下行高峰状态运行、下行较上行高峰状态运行两种程序。

(8) 梯群智能控制。

具有数据采集、交换、存贮功能,还能进行分析、筛选、报告等功能。控制系统可以显示出所有电梯的运行状态。

由电脑根据客流情况,自动选择最佳运行控制方式,其特点是分配电梯运行时间,省人、省电、省机器。

5. 按有无司机分类

(1) 有司机电梯,须专职司机操纵。

(2) 无司机电梯:不需要专门司机,由乘客自己操纵,具有集选功能。

(3) 有/无司机电梯:根据电梯控制电路及客流量等,平时可改为由乘客自己操纵电梯运行,客流量大或必要时,可由司机操纵。

6. 按机房位置分类

(1) 上置式电梯:机房位于井道上部。

(2) 下置式电梯：机房位于井道下部。

(3) 无机房电梯。

7. 按曳引机结构分类

(1) 有齿曳引电梯：曳引机有减速器。

(2) 无齿曳引电梯：曳引机没有减速器，由曳引电动机直接带动曳引轮运动。

8. 其他用途的特殊梯和自动扶梯、自动人行道

(1) 斜行梯：为地铁、火车站和山坡等倾斜安装，轿厢运行为倾斜直线上下，是一种集观光和运输于一体的输送设备。

(2) 坐椅梯：人坐在由电动机驱动的椅子上，控制椅子手柄上的按钮，使椅下部的动力装置驱动人椅，沿楼梯扶栏的导轨上下运动。

(3) 冷气梯：在大冷库或制冷车间运送冷冻货物。需要满足门扇、导轨等活动处冰封、浸水要求。

(4) 消防梯：在发生火警情况下，用来运送消防人员、乘客和消防器材等。

(5) 矿井梯：供矿井内运送人员及货物。

(6) 特殊梯：供特殊环境下使用，如有防爆、耐热、防腐等特殊用途的电梯。

(7) 建筑施工梯（或升降机）：供运送建筑施工人员及材料用，可随施工中的建筑物层数的增多而加高。

(8) 滑道货梯：在建筑物内配置，常与建筑物人走道平行运送货物。

(9) 运机梯：能把地下机库中几十吨至上百吨重的飞机垂直提升到飞机场跑道上。

(10) 门吊梯：在大型门式起重机的门腿中运送在门机中工作的人员及检修机件等。

(11) 自动扶梯：代号 TF。带有循环、运行梯级，用于向上或向下倾斜运送乘客的固定电力驱动设备。

① 端部驱动的自动扶梯（或称链条式自动扶梯）。

② 中间驱动的自动扶梯（或称齿条式自动扶梯）。

另外，按梯路线型可分为直线型或螺旋型两种。

(12) 自动人行道：带有循环运行（板式或带式）走道，用于水平或倾斜角不大于12°输送乘客的固定电力驱动设备。

① 端部驱动的自动人行道（或称链条式自动人行道）。

② 中间驱动的自动人行道（或称齿条式自动人行道）。

另外按路面型式可分为踏步式和平带式。

1.2.2 电梯的型号

1. 进口电梯型号的表示

随着改革开放，众多国外电梯制造厂家产品涌入国内及兴办合资、独资电梯制造厂。每个国家都有自己的电梯型号表示方法，合资厂也沿用引进国命名型号的规定使用，无

法一一列举。总体分以下几类:① 以电梯生产厂家公司及生产产品序号表示。例如,TOEC-90,前面的字母是厂家英文字头,为天津奥的斯电梯公司,90 代表其产品类型号。② 以英文字头代表电梯的种类,以产品类型序号区分。例如,三菱电梯 GPS-Ⅱ,前面字母为英文字头代表产品种类,Ⅱ代表产品类型号。③ 以英文字头代表产品种类,配以数字表征电梯参数。例如,"莱茵"牌电梯 LP-VF-1000/150,LP 表示交流变频调速电梯,额定载重 1000 kg,乘员 13 人,中分门,额定速度 1.5 m/s。以及其他表示方法等。因此,必须根据其产品说明书了解其参数。

2. 我国标准规定电梯型号的表示

1986 年,我国城乡建设环境保护部颁发的 JJ45—86《电梯、液压梯产品型号的编制方法》中,对电梯型号的编制方法作了如下规定:

第一位字母表示产品型号,第二位字母表示产品品种,第三位字母表示拖动方式,第四位字母表示改进代号,第五位数字表示额定载重量,第六位表示额定速度,最后是控制方式。

3. 电梯产品型号示例

(1) TKJ 1000/1.75—JX 表示:交流乘客电梯。额定载重量 1000 kg,额定速度 1.75 m/s,集选控制。

(2) TKZ 800/2.5—JXW 表示:直流乘客电梯。额定载重量 800 kg,额定速度 2.5 m/s,微机组成的集选控制。

(3) THY 2000/0.63—AZ 表示:液压货梯。额定载重量 2000 kg,额定速度 0.63 m/s,按钮控制自动门。

1.2.3 电梯的主要参数及常用术语

电梯的主要参数及常用术语是描述一台电梯基本特征的工具,通过这些参数可以确定电梯的服务对象、运载能力和工作特性。

(1) 电梯的用途:指客梯、货梯、病床梯等,它确定了电梯的服务对象。

(2) 额定载重量:单位为千克(kg),是指保证电梯正常运行的允许载重量。这是制造厂家设计制造电梯及用户选择电梯的主要依据,也是安全使用电梯的主要参数。对于乘客电梯常用乘客人数(一般按 75 kg/人)这一参数表示。电梯载重量主要有以下几种(kg):400、630、800、1000、1250、1600、2000、2500 等。

(3) 额定速度:单位为米/秒(m/s),指电梯设计所规定的轿厢运行速度,是设计制造和选用电梯的主要依据。常见有以下几种(m/s):0.5、1.0、1.6、1.75、2.0、2.5、4.0 等。

(4) 轿厢尺寸:单位为毫米(mm),通常是指轿厢内部净尺寸,表示方法为"宽×深×高"。

(5) 拖动方式:指电梯采用的动力驱动类型,可分为交流电力拖动、直流电力拖动、液压拖动等。

(6) 控制方式:指对电梯运行实行操纵的方式,可分为手柄控制、按钮控制、信号控制、单梯集选控制、并联控制、梯群控制等。

(7) 厅、轿门的型式:指电梯门的结构型式。按开门方向可分为中分式、旁开式(侧开式)、直分式(上下开启)等几种。按材质和功能有普通门、消防门、双折门等。按门的控制方式有手动开关门和自动开关门等。

(8) 层站数:各层楼用以出入轿厢的地点为站,电梯运行行程中的建筑层为层。如电梯实际行程 20 层,有 18 个出入轿厢的层门,则为 20 层/18 站。

1.3 电梯的基本构成

不同规格型号的电梯的部件组成情况有所不同,这里只介绍一些最基本的情况。

1.3.1 电梯的整体结构

电梯结构组成可以分为机械装置与电气控制系统两大部分。其中机械装置包括曳引系统、导向系统、门系统、轿厢系统、重量平衡系统等;电气控制系统主要包括控制柜、操纵盘、井道信息开关等。

电梯整体结构如图 1-1 所示。

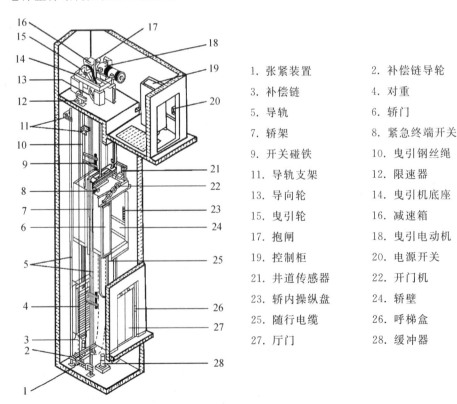

1. 张紧装置　　2. 补偿链导轮
3. 补偿链　　　4. 对重
5. 导轨　　　　6. 轿门
7. 轿架　　　　8. 紧急终端开关
9. 开关碰铁　　10. 曳引钢丝绳
11. 导轨支架　　12. 限速器
13. 导向轮　　　14. 曳引机底座
15. 曳引轮　　　16. 减速箱
17. 抱闸　　　　18. 曳引电动机
19. 控制柜　　　20. 电源开关
21. 井道传感器　22. 开门机
23. 轿内操纵盘　24. 轿壁
25. 随行电缆　　26. 呼梯盒
27. 厅门　　　　28. 缓冲器

图 1-1　电梯整体结构示意图

1.3.2 电梯功能上的八大系统

机械装置与电气系统细分为八大功能系统,如表1-1所示。

表1-1 电梯八大功能系统

八大系统	功 能	主要组成部件
曳引系统	输出与传递动力,驱动电梯运行	曳引机、曳引钢丝绳、导向轮、反绳轮等
导向系统	限制轿厢和对重活动自由度,使轿厢和对重只能沿着导轨运动	轿厢的导轨、对重的导轨、导靴及其导轨架等
轿厢	用以运送乘客和货物的组件	轿厢架和轿厢体
门系统	乘客或货物的进出口,运行时层、轿门必须封闭,到站时才能打开	轿厢门、层门、门锁、开门机、关门防夹装置等
重量平衡系统	平衡轿厢重量以及补偿高层电梯中曳引绳重量的影响	对重和重量补偿链(绳)等
电力拖动系统	提供动力,对电梯实行速度控制	供电系统、电机调速装置等
电气控制系统	对电梯的运行实行操纵和控制	操纵盘、呼梯盒、控制柜、层楼显示、平层开关、行程开关等
安全保护系统	保证电梯安全使用,防止一切危及人身安全的事故发生	限速器、安全钳、缓冲器、超速保护装置、超越上下极限工作位置的保护装置等

1.4 其他梯种结构及特点简介

1.4.1 自动扶梯和自动人行道的结构及特点简介

现代自动扶梯的雏形是一台普通倾斜的链式运输机,是一种梯级和扶手都能自行运动的楼梯。

1990年,奥的斯公司在法国巴黎举行的国际展览会上展出了结构完善的自动扶梯,这种自动扶梯具有阶梯式的梯路,同时梯级是水平的,并在扶梯进出口处的基坑上加了梳板。以后,经过不断改进和提高,自动扶梯进入实用阶段。

随着科技的进步和经济的发展,自动扶梯和自动人行道不断地更新换代,更新颖、更先进、更美观的产品向我们走来。

1.4.1.1 自动扶梯及自动人行道的基本参数

自动扶梯及自动人行道的基本参数有:提升高度 H、输送能力 Q、运行速度 V、梯级(踏板或胶带)宽度 B 及梯路的倾角 α 等。

1. 提升高度 H

提升高度是建筑物上、下层楼之间或地下铁道地面与地下站厅间的高度。我国目前生产的自动扶梯系列为：商用型 $H\leqslant 7.5$ m；公共交通型 $H\leqslant 50$ m。

2. 输送能力 Q

输送能力是指每小时运载人员的数目。当自动扶梯或自动人行道各梯级（踏板或胶带）被人员站满时，理论上的最大小时输送能力按下式计算：

$$Q = 3600nv/t \text{ 级}$$

式中：t 级——一个梯级的平均深度或与此深度相等的踏板（胶带）的可见长度（m）；

n——每一梯级或每段可见长度为 t 级的踏板（胶带）上站立的人员数目；

v——梯级（踏板或胶带）的运行速度（m/s）。

这样计算出的便是理论输送能力。但是，实际值应该考虑到乘客登上自动扶梯或自动人行道的速度，也就是梯级运行速度对自动扶梯或自动人行道满载的影响。因此，应该用一系数来考虑满载情况，这一系数称为满载系数 ϕ。

3. 运行速度 v

自动扶梯或自动人行道运行速度的大小，直接影响到乘客在自动扶梯或自动人行道上停留的时间。如果速度太快，影响乘客顺利登梯，满载系数反而降低。反之，速度太慢时，不必要地增加了乘客在梯路上的停留时间。因此，正确地选用运行速度显得十分重要。

国际规定：自动扶梯倾斜角 α 不大于 30°时，其运行速度不应超过 0.75 m/s；自动扶梯倾斜角 α 大于 30°，但不大于 35°时，其运行速度不应超过 0.50 m/s。自动人行道的运行速度不应超过 0.75 m/s，但如果踏板或胶带的宽度不超过 1.1 m 时，自动人行道的运行速度最大允许达到 0.90 m/s。

4. 梯级（踏板或胶带）宽度 B

目前我国所采用的梯级宽度 B：小提升高度时，单人的为 0.6 m，双人的为 1.0 m；中、大提升高度时，双人的为 1.0 m，另外还有 0.8 m 的规格。

5. 倾斜角 α

倾斜角 α 是指梯级、踏板或胶带运行方向与水平面构成的最大角度。自动扶梯的倾斜角一般采用 30°，采用此角度主要是考虑到自动扶梯的安全性，便于结构尺寸的处理和加工。但有时为了适应建筑物的特殊需要，减少扶梯所占的空间，也可采用 35°。

建筑物内普通扶梯的梯级尺寸比例为 16∶31，为了在这种扶梯旁边同时并列地安装自动扶梯，自动扶梯也可采用 27.3°的倾角。

国际规定：自动扶梯的倾斜角 α 不应超过 30°，当提升高度不超过 6 m、额定速度不超过 0.50 m/s 时，倾斜角 α 允许增至 35°。自动人行道的倾斜角不应超过 12°。

1.4.1.2 自动扶梯及自动人行道构造

1. 金属结构架

自动扶梯或自动人行道的金属结构架具有安装和支承各个部件、承受各种载荷以及连接两个不同层楼地面的作用。金属结构架一般有桁架式和板梁式两种,桁架式金属结构架通常采用普通型钢(角钢、槽钢及扁钢)焊接而成。

2. 驱动装置

驱动装置的作用是将动力传递给梯路系统及扶手系统。一般由电动机、减速箱、制动器、传动链条及驱动主轴等组成。驱动装置通常位于自动扶梯或自动人行道的端部(即端部驱动装置),也有位于自动扶梯或自动人行道中部的。端部驱动装置较为常用,可配用蜗轮蜗杆减速箱,也可配用斜齿轮减速箱以提高传动效率,端部驱动装置以牵引链条为牵引构件。中间驱动装置可节省端部驱动装置所占用的机房空间并简化端部的结构,中间驱动装置必须以牵引齿条为牵引构件,当提升高度很大时,为了降低牵引齿条的张力并减少能耗,可在扶梯内部配设多组中间驱动机组以实现多级驱动。

3. 梯级

梯级在自动扶梯中是一个很关键的部件,它是直接承载输送乘客的特殊结构的四轮小车,梯级的踏板面在工作段必须保持水平。各梯级的主轮轮轴与牵引链条铰接在一起,而它的辅轮轮轴则不与牵引链条连接。这样可以保证梯级在扶梯的上分支保持水平,而在下分支可以进行翻转。

在一台自动扶梯中,梯级是数量最多的部件又是运动的部件。因此,一台扶梯的性能与梯级的结构、质量有很大关系。梯级应能满足结构轻巧、工艺性能良好、装拆维修方便的要求。目前,有些厂家生产的梯级为整体压铸的铝合金铸造件,踏板面和踢板面铸有精细的肋纹,这样确保了两个相邻梯级的前后边缘啮合并具有防滑和前后梯级导向的作用。梯级上常配装塑料制成的侧面导向块,梯级靠主轮与辅轮沿导轨及围裙板移动,并通过侧面导向块进行导向,侧面导向块还保证了梯级与围裙板之间维持最小的间隙。

4. 牵引构件

牵引构件是传递牵引力的构件。自动扶梯或自动人行道的牵引构件有牵引链条与牵引齿条两种。一台自动扶梯或自动人行道一般有两根构成闭合环路的牵引链条(又称梯级链或踏板链)或牵引齿条。使用牵引链条的驱动装置装在上分支上水平直线段的末端,即端部驱动装置。使用牵引齿条的驱动装置装在倾斜直线段上、下分支的当中,即中间驱动装置。

5. 张紧装置

张紧装置的作用是:

(1) 使牵引链条获得必要的初张力,以保证自动扶梯或自动人行道正常运行;

(2) 补偿牵引链条在运转过程中的伸长;

(3) 牵引链条及梯级(或踏板)由一个分支过渡到另一分支的改向功能;

(4) 梯路导向所必须的部件(如转向壁等)均装在张紧装置上。

张紧装置可分为重锤式张紧装置和弹簧式张紧装置等。目前常见的是弹簧式张紧装置。张紧装置链轮轴的两端各装在滑块内,滑块可在固定的滑槽中水平滑动,并且张紧链轮同滑块一起移动,以调节牵引链条的张力。安全开关用来监控张紧装置的状态。

6. 扶手装置

扶手装置是装在自动扶梯或自动人行道两侧的特种结构形式的带式输送机。扶手装置主要供站立在梯路中的乘客扶手之用,是重要的安全设备,在乘客出入自动扶梯或自动人行道的瞬间,扶手的作用显得更为重要。扶手装置由扶手驱动系统、扶手带、栏板等组成。

7. 安全装置

自动扶梯及自动人行道的安全性非常重要,国家标准对所需的安全装置有明确的规定。安全装置的主要作用是保护乘客,使其免于潜在的各种危险(包括乘客疏忽大意造成的危险和由于机械电气故障而造成的危险等);其次,安全装置对自动扶梯及自动人行道设备本身具有保护作用,能把事故对设备的破坏性降到最低;另外,安全装置也使事故对建筑物的破坏程度降到最小。下面将介绍一些常见的安全装置。

(1) 工作制动器和紧急制动器:工作制动器是正常停车时使用的制动器,紧急制动器则是在紧急情况下起作用。前文对这两种制动器已有明确的描述。

(2) 牵引链条张紧和断裂监控装置:自动扶梯或自动人行道的底部设有一牵引链张紧和断裂保护装置。它由张紧架、张紧弹簧及监控触点组成。一般的,当出现下列情况时张紧触点会迫使自动扶梯或自动人行道停运:① 梯级或踏板卡住;② 牵引链条阻塞;③ 牵引链条的伸长超过了允许值;④ 牵引链条断裂。

(3) 梳齿板保护装置:为了防止梯级(或踏板)与梯路出入口的固定端之间嵌入异物而造成事故,在固定端设计了梳齿板。

(4) 围裙板保护装置:自动扶梯在正常工作时,围裙板与梯级间应保持一定间隙。为了防止异物夹入梯级和围裙板之间的间隙,在自动扶梯上部或下部的围裙板反面都装有安全开关。一旦围裙板被夹变形,它会触动安全开关,自动扶梯即断电停运。

(5) 扶手带入口安全保护装置:在扶手带端部下方入口处,常常发生异物夹住的事故,孩子不注意时也容易把手夹住。因此需设计扶手带入口安全保护装置。

(6) 速度监控装置:自动扶梯或自动人行道超过额定速度或低于额定速度运行都是很危险的,因此需配备速度监控装置,以便在超速或欠速的情况下实现停车。速度监控装置可装在梯路内部,用以监测梯级运行速度。

另外,还有梯级间隙照明、梯级塌陷保护装置以及静电刷、电机保护、相位保护、急停按钮等。

8. 电气设备

自动扶梯或自动人行道的电气设备包括主电源箱、驱动电机、电磁制动器、控制屏、操纵开关、照明电路、故障及状态指示器、安全开关、传感器、远程监控装置、报警装置等部分。

(1) 主电源箱：主电源箱通常装在自动扶梯或自动人行道驱动端的机房中，箱体中包含了主开关和主要的自动断电装置。

关于电源开关，应遵循下列规范：

在驱动机房或是改向装置机房或是控制屏附近，要装设一只能切断电动机、制动器的释放器及控制电路电源的主开关。但该开关不应切断电源插座以及维护检修所必需的照明电路的电源。当暖气设备、扶手照明和梳齿板等照明是分开单独供电时，则应设单独切断其电源的开关。各相应的开关应位于主开关近旁，并有明显标志。主开关的操作机构在活门打开之后，要能迅速而方便地接近。操作机构应具有稳定的断开和闭合位置，并能保持在断开位置。主开关应能有切断自动扶梯及自动人行道在正常使用情况下最大电流的能力。如果几台自动扶梯与自动人行道的各主开关设置在一个机房内，各台的主开关应易于识别。

(2) 驱动电机：驱动电机可选用启动电流较小的三相交流鼠笼式电动机，并安装在驱动端的机房中。驱动电机的功率大小与自动扶梯或自动人行道的提升高度、梯路宽度、倾斜角度等参数有关。

关于电动机的保护问题应注意：直接与电源连接的电动机要有保护，并要采用手动复位的自动开关进行过载保护，该开关应切断电动机的所有供电。当过载控制取决于电动机绕组温升时，则开关装置可在绕组充分冷却后自动地闭合，但只有在符合对自动扶梯及自动人行道有关规定的情况下才能再行启动。

(3) 电磁制动器：工作制动器和紧急制动器均可选用电磁制动器。当内部的电磁线圈通电时，衔铁吸合，并带动相应部件动作。

(4) 控制屏：控制屏一般位于驱动端或张紧端的机房内。控制屏中有主接触器、控制接触器、控制及信号继电器、控制线路电源变压器、电子印板、单相电源插座、检修操纵盒插座等元件。控制屏的外壳应可靠接地。

(5) 操作开关：操纵开关是对自动扶梯或自动人行道发出运行指令的装置，包括钥匙开关、急停按钮、检修操纵盒等。

(6) 照明电路：照明电路可分为机房照明、扶手照明、围裙板照明、梳齿板照明、梯级间隙照明等。其他电气设备结合相关部件的位置发挥相应功能。

1.4.2 液压电梯的结构及特点简介

液压驱动是较早出现的一种驱动方式。早期的液压电梯的传动介质是水，利用公用水管极高的水压推动缸体内的柱塞顶升轿厢，下降靠泄流。但由于水压波动及生锈问题难以解决,以后就用油为媒介驱动柱塞做直线运动。由于液压电梯对于大的提升力可以提供较高的机械效率而能耗较低,因此对于短行程、重载荷的场合,使用优点尤为明显。另外液压电梯不必在楼顶设置机房,因此减小了井道竖向尺寸,有效地利用了建筑物空间,所以液压电梯应用前景较为宽广。目前液压电梯广泛用于停车场、工厂及低层的建筑中。对于负载大、速度慢及行程短的场合,选用液压电梯比曳引电梯更经济。

1.4.2.1 液压电梯的构成

(1) 动力装置:液压泵站。

(2) 提升装置:液压油缸,滑轮组及钢丝绳。

(3) 载客(货)装置:轿厢。

(4) 导向装置:导轨。

(5) 控制系统。

1.4.2.2 液压电梯的原理

(1) 电梯上行时,由液压泵站提供电梯上行所需的动力压差,由液压泵站上的阀组控制液压油的流量,液压油推动液压油缸中柱塞来提升轿厢,从而实现电梯的上行运动。

(2) 电梯下行时,打开阀组,利用轿厢自重(客(货)的重量)造成的压差,使液压油回流液压油箱中,实现电梯的下行运动(由阀组控制速度)。

1.4.2.3 液压电梯特点

1. 建筑方面

(1) 不需要在井道上方设立要求和造价都高的机房。

(2) 机房设置灵活。液压传动系统是依靠油管来传递动力的,因此机房位置可设置在离井道 20 m 内的范围内,且机房占有面积也仅 4~5 m^2。

(3) 井道结构强度要求低。由于液压电梯轿厢自重及载荷等垂直负荷,均通过液压缸全部作用于井道地基上,对井道顶部的建筑性能要求低。

2. 技术性能方面

(1) 安全性好,可靠性高。

(2) 载重能力大。液压电梯是靠液压千斤顶的原理来顶升轿厢的,可采用多个油缸同时作用提升超大载重的轿厢。

(3) 噪声低。液压系统可远离井道设置,隔离了噪声源。

3. 使用维修方面

(1) 故障率低。对于直接作用式液压电梯,结构简单,故障率低。

(2) 救援方便。液压电梯下行时,靠自重产生的压力驱动,停电或故障时只需打开应急下降阀即可实现紧急救援。

4. 液压电梯的不足之处

(1) 提升速度在 1 m/s 以下。

(2) 电机功率大,相比较曳引电梯而言,同吨位、同速度的电梯,液压电梯配置的电功率要比曳引电梯大1倍。

（3）提升高度受到油缸长度的限制。

（4）液压电梯的成本比较高。

5．液压电梯应用场合

（1）宾馆、办公楼、图书馆、医院、实验室、中低层住宅。

（2）车库、停车场的汽车电梯。

（3）需增设电梯的旧房改造工程，由于旧房的改建受原土建结构限制，配用液压电梯是最佳选择。

（4）古典建筑。古典建筑增设电梯不能破坏其外貌及内在风格，因此采用液压电梯也是较好的方案。

（5）商场、餐厅、豪华建筑。上述建筑一般选用观光梯，而观光电梯很多采用液压直顶式驱动。

（6）跳水台、石油钻井台、船舶等工业装置。由于这些装置一般不能设置顶层机房且载重量大，因此液压电梯优势也较为明显。

随着先进技术的发展及现代人们经济水平的不断提高，人们对电梯的需求也是多方位的，随之而生的电梯种类也有很多，多列于特种电梯类别中，如斜行电梯、无障碍座椅电梯、垂直轮椅升降平台等，相应专业书籍会有描述，这里不再赘述。

思考题

1．曳引电梯主要由几大部分组成？各部分包括哪些器件？

2．电梯的主要参数包括哪些？

3．自动扶梯和自动人行道的基本参数有哪些？

4．自动扶梯和自动人行道的主要构成部件有哪些？

第 2 章 电梯安装施工

2.1 电梯安装前的准备工作

电梯安装前的准备工作是否到位,对于整个工程安装的进度及质量都有影响。现场安装负责人应在接到该项目安装指令后向其安装小组成员介绍有关该项目的电梯井道、机房、仓库、电梯安装材料、堆货场地、施工现场、施工办公室、电话、厕所、电源、灭火器、火警、报警处、医疗站、附近医院等事项。

2.1.1 电梯安装工艺流程

安装工艺流程:样板架安装、放线做基准→安装导轨支架、竖导轨→轿厢组装、挂门机→对重安装→机房设备安装→挂钢丝绳→挂厅门→井道机械部件安装→电气部件安装→动慢车→细调各部件→快车调试。

2.1.2 安装工具及防护用品的准备

1. 安装工具(表 2-1)

表 2-1 安装电梯常用工具

8~24 mm 开口扳手	卷尺	100~375 mm 活动扳手

第 2 章 电梯安装施工

（续表）

8～24 mm 套筒扳手		水平尺		电焊机	
锤子		钢直尺		线锤	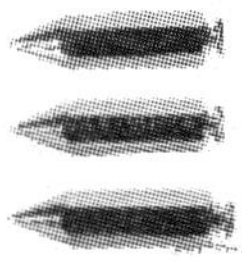
冲击钻		锉刀		导轨锉	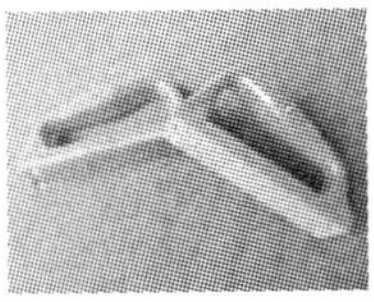
角尺		斜口钳		钢丝钳	
尖嘴钳		手拉葫芦	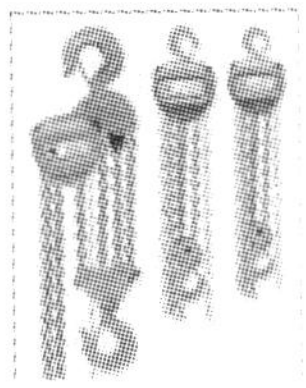	大力钳	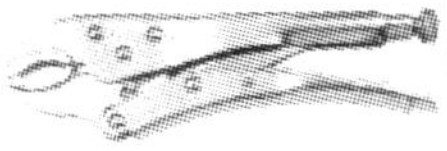
校导尺		角磨机	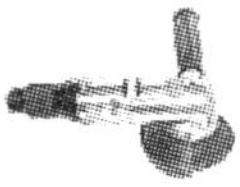	螺丝刀	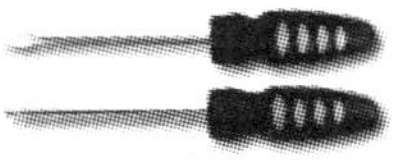
黄油枪	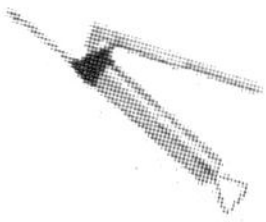	千分尺	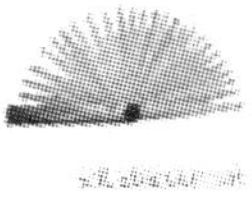	万用表	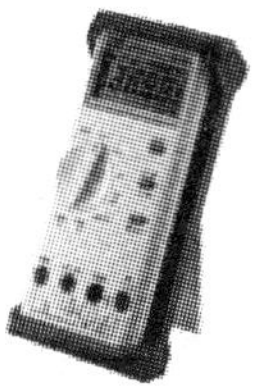

2. 电梯安装用防护用品(表 2-2)

表 2-2　电梯安装主要防护用品

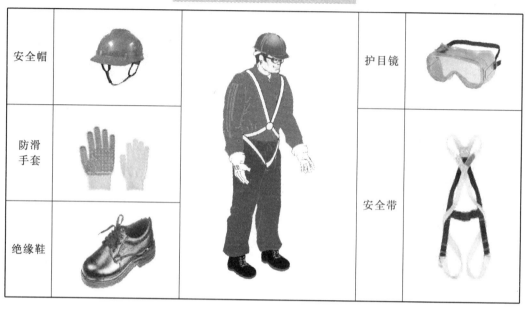

3. 施工现场的安全防护

(1) 层门未安装前,门口要有不低于 1.2 m 的防护栏杆。

(2) 井道内施工每隔四层设一道安全防护网。

2.1.3　工地勘察

2.1.3.1　机房部分

1. 机房用途方面

依国标 GB 7588—2003 的规定:

(1) 电梯驱动主机及其附属设备和滑轮应设置在一专用房间内,只有专业人员才可以进入。

(2) 机房内不应用于电梯以外的其他用途,也不可以设置非电梯用的线槽、电缆或装置。

(3) 机房内不可以摆放与电梯无关的其他装备或物品,以及蒸汽和高压水加热的任何设备。蒸汽或高压水设备都会产生高温和水汽,对电梯设备会造成极大的伤害。

(4) 机房内仅可以放置:① 该房间的空调设备;② 火灾探测器和灭火器。具有高的动作温度,适用于电器设备,有一定的稳定期且有防意外碰撞的合适的保护。

2. 机房尺寸方面

(1) 机房应有足够的尺寸,以允许人员安全和容易对有关设备进行操作。工作区域的净高不应小于 2 m,供活动的净高不得低于 1.8 m。

(2) 机房地面高度不一且相差大于 0.5 m 时,应设置楼梯或台阶,并设置护栏,以确保人员的安全。

注意:供活动的净高从屋顶结构梁下面测量到下列两地面:

A. 通道场地地面;

B. 工作场地地面(从机房土建物最高点开始量起)。

警告:上述标准为国家基本要求,如不能满足要求,则会导致电梯无法通过技监局验收!

3. 机房的门与通道的要求

(1) 通道门的宽度不应小于 600 mm,高度不应小于 1800 mm,且门不得向房内开启。

(2) 通往净空场地的通道宽度不得低于 0.5 m。

4. 机房的温度控制、照明及供电要求

(1) 机房应有适当的通风或安装空调设备,将机房室温控制于 5℃~40℃之间。

(2) 机房应设有永久性的电气照明,地面上的照度不应小于 200 lx。在靠近入口处应设置机房照明开关。

(3) 机房内提供电梯的电源开关设置,设置位置必须是在机房内显眼的位置,且能迅速切断电源,高度距离地面为 1300~1500 mm。

警告:上述标准为国家基本要求,如不能满足要求,则会导致电梯无法通过技监局验收!

5. 机房内搬运设施

(1) 在机房顶板或横梁的适当位置上,应装备一个或多个适用的具有安全工作载荷标识的金属支架或吊钩。

(2) 电梯驱动主机旋转部件的上方应有不小于 0.3 m 的垂直净空。

2.1.3.2 井道部分

(1) 井道宽度、井道深度、顶层高度、底坑深度等与电梯载重、速度及各个厂家电梯部件尺寸有直接关系,按施工图纸要求勘测即可。

(2) 井道不垂直度允许偏差:

提升高度小于 30 m,为 0~25 mm;

提升高度大于 30 m 小于 60 m,为 0~35 mm;

提升高度大于 60 m 小于 90 m,为 0~50 mm;

提升高度大于 90 m,需根据每个厂家的要求而定。

(3) 井道底坑必须有防水层。

(4) 井道圈梁或预埋铁从底坑地板向上量起 500 mm 为第一挡圈梁或预埋铁,由此往上每间隔固定尺寸(由厂家规定,不大于国标要求的 2.5 m)设一挡圈梁或预埋铁,最后一挡从井道顶部向下量起 500 mm 设一挡圈梁或预埋铁。

注意:建设井道的要求皆以图纸为主,切不可擅自更改。井道建设如未以提供的图纸施工,将会造成电梯无法安装。

2.1.3.3 勘测完成后

填写勘测检查报告表,将相关数据如实填写。

工事中请洽业主改善,并尽快通知工事单位协助处理。

注意:上述各个检查项目均需符合规定,如有项目不能满足要求,则不可安装电梯。

2.1.4 接货与安全准备

开箱清点并入库,如有缺少或损坏部件,及时与厂家联系补发。

在井道门口和机房张贴安全警示标识,然后搭设脚手架、放样板(图2-1)。

图2-1 安全警示标识

2.1.5 搭设脚手架

1. 井道测量

根据电梯井道和机房布置图,检查井道留孔、埋件、牛腿、底坑深度、顶层高度、提升高度、层站数、层门型式、井道内净空尺寸、底坑情况(如是否悬空等)、机房高度、机房承重设置和吊钩位置等是否与图纸相符,并填写"工堪检查报告表"。特别要注意电梯安装动工前,应在当地有关政府管理机构办理申报手续,获批准后方可施工。当土建情况与图纸要求有较大偏差时,应要求甲方尽快按图纸要求进行改进。

2. 架设脚手架

脚手架的搭设如图2-2、图2-3、图2-4、图2-5所示。

第 2 章 电梯安装施工

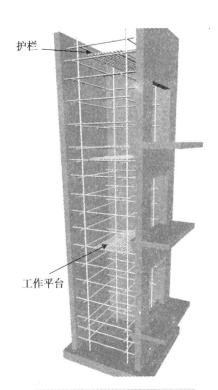

图 2-2 脚手架搭设立体图

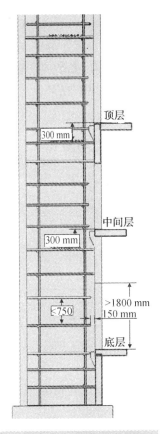

图 2-3 脚手架搭设立面图

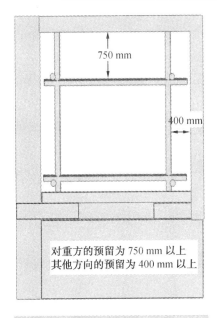

图 2-4 后置对重脚手架搭设样图

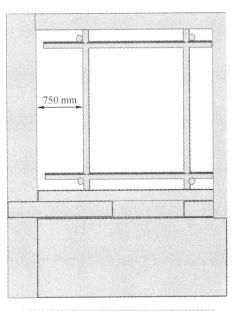

图 2-5 侧置对重脚手架搭设样图

(1) 在2层,低于楼面300 mm,顶层低于楼面300 mm 及距机房底面1800 mm 的位置处设置工作平台。顶层作业台上1100 mm 位置应四边设置栏杆。

(2) 平台承载能力:承重250 kg/m² 时,平台不得下沉。

(3) 脚手架横架间距为650~750 mm,但在层门入口处工作平台上1800 mm 范围以内不设横架。

2.1.6 样板的制作与放样

2.1.6.1 出入口样板的制作

1. 中分门样板制作

出入口样板的开线如图2-6所示,出入口中心线与轿厢中心线一致,其中 OP 为门口净宽,L 为样板长度。1、2为门口样线落线点。

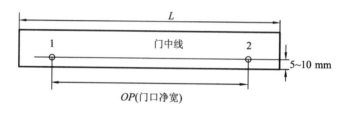

图2-6 中分门样板

2. 旁开门样板制作

出入口样板的开线如图2-7所示,出入口中心线与轿厢中心线的偏移量 M 值详见实际工程中随电梯所附的井道布置图,其中 OP 为开门净宽,L 为样板长度,1、2为门口样线落线点。

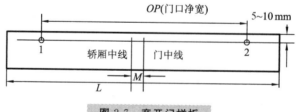

图2-7 旁开门样板

3. 样板数量

通常制作两件,分别用于上下样,当电梯为双开门时,应多做两件,中分门的开线方式二者一样,旁开门开线方式如图2-8所示。

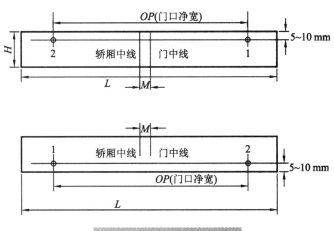

图 2-8 旁开门开线方式

2.1.6.2 轿厢导轨样板制作

轿厢导轨样板的样线如图 2-9 所示,其中 A、C 为轿厢中线到导轨的距离减 30 mm,B 为导轨高度,具体尺寸详见实际工程中随电梯所附的井道布置图。3、4、5、6 为导轨支架安装落线点,W 值为导轨支架上的导轨固定孔距离,7、8 为轿厢导轨校正落线点。

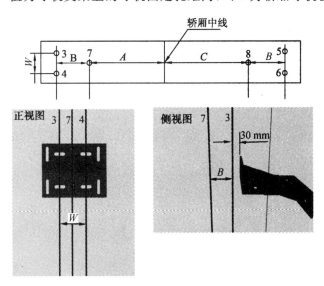

图 2-9 轿厢导轨样板示意图

2.1.6.3 对重导轨样板的制作

对重导轨样板的样线如图 2-10 所示,其中 A、C 分别为对重中线到导轨的距离减 30 mm,B 为导轨高度,具体尺寸详见实际工程中随电梯所附的井道布置图。3、4、5、6 为导轨支架安装落线点。W 值为导轨支架上的导轨固定孔之间的距离,7、8 为对重导轨校正落线点。

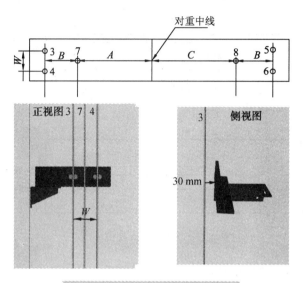

图 2-10 对重导轨样板示意图

2.1.6.4 样板的安装

样板的安装位置如图 2-11 所示。图中尺寸 A 为轿厢导轨到对重导轨的距离,具体尺寸请参阅随电梯所附的电梯井道布置图。其中 $L1=L2$,$L3=L4$。

1. 样板设置顺序

门样线是井道全部装置的安装基准线,在设置样板时,应先设置出入口样板,再顺序设置轿厢导轨样板与对重导轨样板。实际上,当出入口样板设置好后,整个样架的位置已唯一确定了。

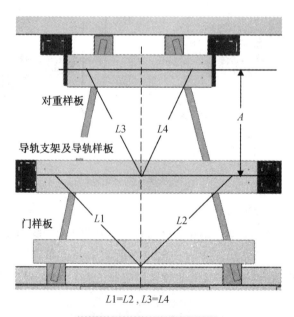

图 2-11 后对重放样图

2. 设置方法

(1) 出入口样板设置过程是一个放置→测量→校正→放置,经数次循环,直至所有尺寸都满足要求,逐渐逼近理想位置的过程。

(2) 出入口样板上的样线,即1、2两点的连线,对应于电梯井道布置图中的轿厢地坎的边缘。设置出入口样板时,必须考虑由该样板放下的门样线,其纵向位置除必须能满足各站层门地坎,层门上坎架和门套的安装尺寸要求外,还应考虑对重架不能离后壁太远或太近。横向位置要在所有样板基本定好设置后,考虑轿厢导轨支架及层门的安装位置是否合适,对样板设置横向进行调整。

(3) 样线在上样板上的固定方法如图2-13所示,应使样线的一端垂直落下。样线的一端要使用重垂(重垂至少要有8~12 kg)以使其保持垂直。

(4) 样线在下样板上的固定方法如图2-13所示。应使上样板垂直落下样线,在重锤作用下静止后,固定之。

各种放样简图如图2-14所示。

注意:样板放置请依图纸提供的各个尺寸推算。

请在井道放线后,记录于《电梯安装过程质量检测记录表》。

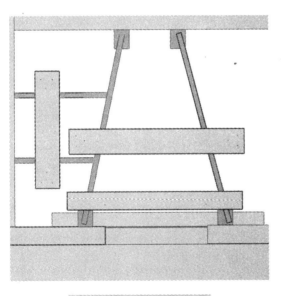

图2-12 侧对重放样图

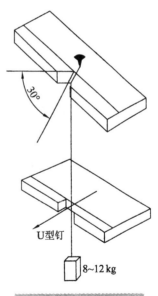

图2-13 样线固定图

安装放置样板的支架

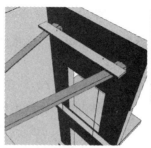
放置门样板及挂垂线

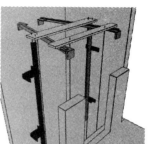
放置轿厢导轨样板及垂线

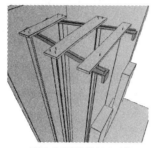
放置对重导轨样板及垂线

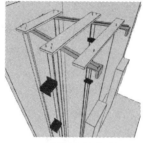
安装轿厢导轨支架

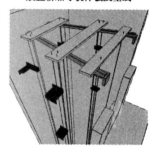
安装对重导轨支架

图 2-14 各种放样简图

2.2 电梯机械零部件的安装

2.2.1 导轨支架及导轨的安装

2.2.1.1 导轨支架的安装

(1) 支架安装以预放的样线为基准,在墙上标记出膨胀螺丝的安装位置,以冲钻打膨胀螺丝安装孔,打好孔洞后,务必将安装孔内的混凝土灰清理,然后再安装螺丝。

(2) 安装支架时,从下往上安装。第一个支架离底坑地板 500 mm,然后以每隔相同的距离(按图纸要求)安装支架,而最后一个支架离井道顶部的距离必须为 500 mm。国家规定导轨支架最大间距不能超过 2.5 m(图 2-15)。

(3) 使用垫片来调整支架水平,使用垫片不可超过 5 mm。如果不得不超过,则需以铁块代替垫片,并需点焊。

支架必须安装在同一垂直线上,以支架样线为基准量测到支架的距离为 30 mm,且须注意水平度。用水平仪测量水平度必须保持在 5/1000 之内。

(4) 按以上方式安装后,须于支架结合处点焊 4 个以上对角点,并有 6 mm 焊点以上。

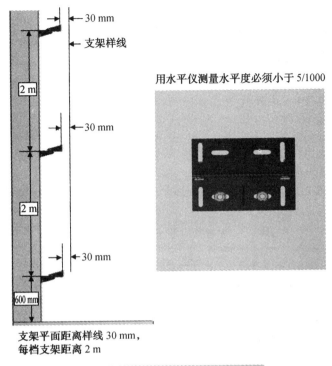

图 2-15 导轨支架与样线的距离

2.2.1.2 导轨的安装

1. 准备工作

(1) 清除底坑,将可能阻碍导轨搬入和提升的物品清除。

(2) 用金属清洁剂清洗导轨接头部位及导轨连接板的连接面(用金属清洁剂清洗后,为防止生锈,应涂上一层油膜)。

(3) 检查每根导轨的凸舌与凹槽的接合处,使用平锉修整影响安装的毛刺。

(4) 利用一条沿导轨拉长的直线检查导轨的弯度,检查导轨侧向和垂直的变形,不要使用任何弯度超过 3 mm 的导轨。

(5) 将准备吊装的导轨搬入井道,并竖立起来。

2. 导轨吊装

(1) 安装导轨有多种方式,以下列举的方法仅供参考,应根据现场在保证安全的前提下采用适合且符合效率的方式。

(2) 把起始的轿厢导轨送到底坑的导轨支架上,并且固定好。利用铅垂线确保两根起始轨的垂直,互相平行且轨面到轨面的距离与图纸所标识的相同。用同样的方法安装和检查对重的起始轨。

(3) 当起始导轨安装到位后,其他的导轨就可以安装,根据建筑物的情况可以参考以下方式进行安装。

3. 安装导轨

（1）由底部到顶部连续安装单根导轨，然后再安装另一侧导轨。我公司配发的导轨，是依井道高度的尺寸配发的，其中有部分导轨较其他导轨短，这些导轨是安装于顶部之用。

注意：截短的导轨，是安装于最后一档，切勿使用在其他地方，更不可随意安装或丢弃。

（2）先安装并校正轿厢导轨，再安装和校正对重导轨。

（3）将每根导轨锁定在两个支架上。

导轨安装如图 2-16、图 2-17、图 2-18 所示。

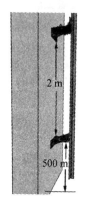

从底部 500 mm 位置开始安装第一个支架，然后以 2 m 一档的次序，依次安装。最后一档安装在从顶部向下 500 mm 的位置。

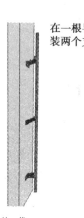

在一根导轨上至少安装两个支架

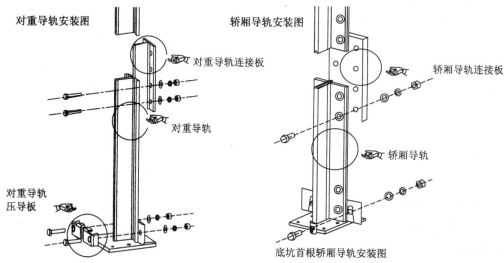

图 2-16 导轨安装立面图

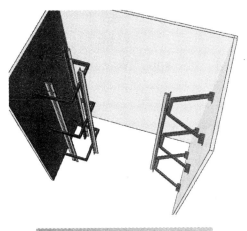
图 2-17 侧对重导轨安装方式

图 2-18 后对重导轨安装方式

2.2.1.3 导轨的校正

安装导轨之后,导轨必须加以校正,使其符合以下要求:

(1) 导轨调整一般是由下向上调整,再由上而下检查一次。

(2) 每装好一根导轨,就对其进行调整,逐根调整后,再用校导尺进行校正。

(3) 每条导轨都应是垂直的,且与相对应的导轨平行。

(4) 每个导轨接口都应该光滑平直,没有凹凸感;轿厢导轨工作面,接头处不应有连续缝隙,且局部缝隙不大于 0.5 mm,如图 2-19 所示的 G;接头处台阶不大于 0.03 mm,如图 2-19 所示的 F 和 F_1;不设安全钳的对重导轨接头缝隙不大于 0.5 mm。

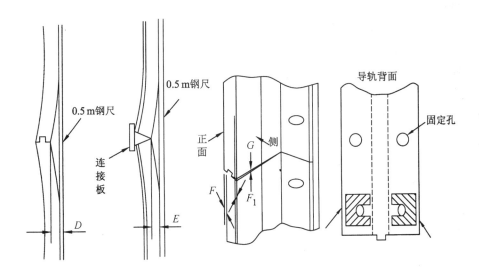
图 2-19 导轨的校正

导轨接头处台阶用直线度为 0.01/500 的平直尺或其他工具测量,应不大于 0.05 m,

如图 2-19 所示的 D 和 E。如超过应修平,修光长度为 150 mm 以上。

(5) 两列导轨顶面的距离偏差:轿厢导轨为 0～2 mm,对重导轨为 0～3 mm。

检查要领:

利用铅垂线和量规,检查导轨是否垂直对中,如位置有偏差,则使用铁锤调整其位置。

注意: 在使用铁锤时,严禁用铁锤锤击导轨的三个使用平面。

用刀口尺校验导轨接头处的台阶。

图 2-20

建议用 600 mm 的刀口尺(或用大于 500 mm 的钢直尺)检查导轨的连接口平面的误差(图 2-20),使用专用垫片来修正其误差,矫直的程度决定于垫片的位置和厚度,应视实际的情况作适当的调整,而且应注意加矫直垫片会影响导轨距,当加置垫片后,要检查导轨距离是否符合要求。

(6) 利用导轨量规检查导轨的扭曲程度。

A. 导轨量规是以导轨的侧向使用为基准的,调整导轨支架以达到调整导轨扭曲的调整。

B. 在检查导轨时,如发现校轨尺的指示值超过 ±0.5 mm,则要对导轨进行调整,使校轨尺的指示值在 ±0.5 mm 之内。假设左侧校轨尺的指示误差为 N_a,右侧为 N_b,则导轨支架的扭曲值应为 $N_a = N_b = 0$,允许误差为 $N_a = N_b \leq \pm 0.5$ mm。

C. 导轨有扭曲时,则要用偏转垫片来纠正扭曲,偏转垫片一般是用标准垫片切割一半,这半块垫片插入在导轨和导轨支架之间适当的一边,使得导轨转动至与相对的导轨的工作面平行。

D. 导轨调整好后将垫片打弯并点焊固定,导轨支架也点焊固定。

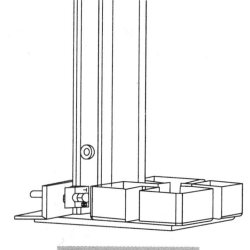

图 2-21 接油杯的安装

2.2.1.4 接油杯的安装

滑动导靴要使用导轨油润滑导轨,减少导靴与导轨的摩擦,同时降低摩擦噪音。安装如图 2-21 所示。

2.2.2 轿厢组件的安装

2.2.2.1 轿厢架组装

轿厢架组合包括几个主要结构件:下梁、直梁、上梁、斜拉杆、安全钳、导靴。

第 2 章 电梯安装施工

(1) 在安装轿厢架前,必须先对脚手架进行加固。在预定安放下梁位置的钢管架底部,竖立 2~3 根钢管,并用夹具固定好。如果是竹架,则在两边墙上挖孔,安放槽钢,并在槽钢下方安装用角钢制作的支撑架,用膨胀螺丝固定于墙上。

(2) 将下梁安置在预定安放的位置上,依次将直梁、上梁组合起来。

(3) 调整安全钳及安装导靴,导靴及安全钳要保证与导轨的间隙必须符合标准。

(4) 将安全钳拉杆向上提起制动安全钳,并将拉杆固定好,以防意外复位。

曳引比为 1∶1 轿厢架组装:

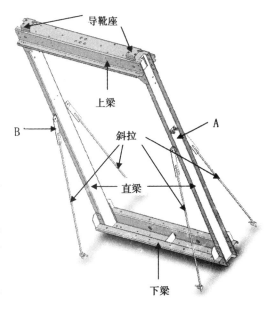

图 2-22 曳引比为 1∶1 的轿厢架组合图

侧梁与下桁梁固定图

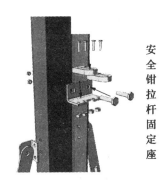

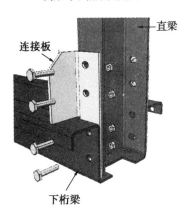

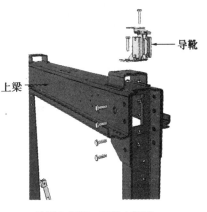

上桁梁与侧梁,导靴安装图

图 2-23 梁各部位组装示意图

31

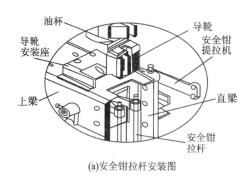
(a)安全钳拉杆安装图

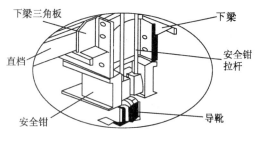
(b)安全钳安装示意图

图 2-24 局部放大图

当龙门架放置到位时,导靴与导轨必须处于轻松导滑状态。如果是紧密的,则表示导轨安装不水平,则须作相应的调整,如图 2-25 所示。

曳引比为 2∶1 轿厢架组装,其他结构相同,只是将绳头板更换为轿顶返绳轮。反绳轮的结构及组装如图 2-26 所示。

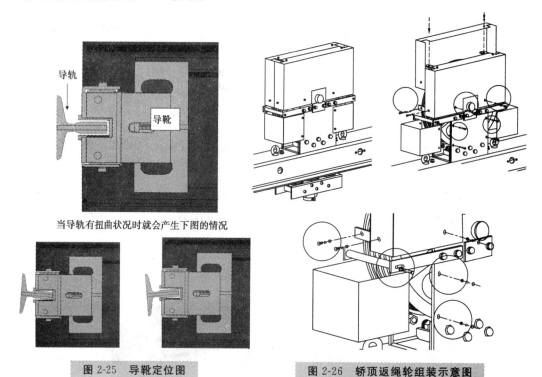

图 2-25 导靴定位图　　　　图 2-26 轿顶返绳轮组装示意图

2.2.2.2 轿厢厢体的组装

安装轿厢于建筑物顶层,安装轿壁之前,先将轿顶运至井道,将轿顶用绳索或铁丝固定于轿厢架上梁。

轿厢壁的安装应符合规范,铅垂度为 1/1000 平面度,除前、后、左、右尺寸分中外,还要特别注意轿壁与轿壁之间拼装时不能少一颗固定螺栓,防止引起电梯运行过程中轿壁与轿壁之间的响声。轿壁可逐块安装,要求接缝紧密,间隙一致,夹角整齐,各板面平行,并确认轿厢是保持自然垂直状况。

轿顶就位后,调整好轿厢位置,紧固各螺丝,用固定夹使轿厢和直梁固定。待整个轿厢拼装完毕,要求对各尺寸进行复查,再确认轿厢定位架上的胶垫是轻微接触直梁,并做好记录,以便查阅。轿厢厢体组装过程如图 2-27、图 2-28、图 2-29 所示。

图 2-27 轿厢厢体组装过程

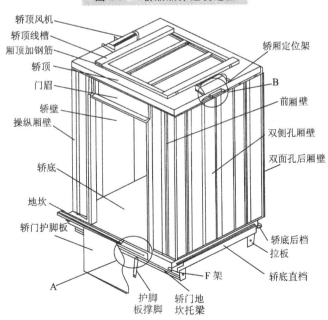

图 2-28 轿厢厢体组装后示意图

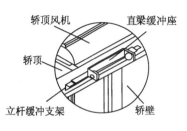
轿厢定位架组装图(B处放大)

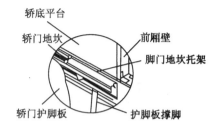
轿厢地坎组装图(A处放大)

图 2-29 轿厢定位架与地坎组装图

2.2.2.3 轿厢校正

组合轿厢完毕,且轿门机也已安装完成后,把轿厢自然放下,提升几次后,再将螺丝紧固。

(1) 将轿厢导靴(上、下)、斜拉杆及卡胶全部放松,使轿厢呈现自由状态。

(2) 用磁性线垂固定在轿门机靠近左右前柱的任何一边上(图 2-30)。

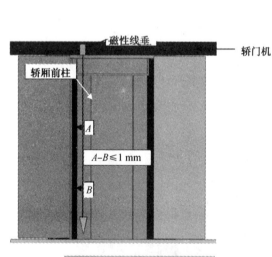

图 2-30 测量左右偏移量

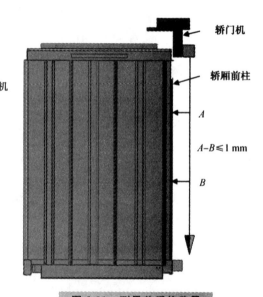

图 2-31 测量前后偏移量

(3) 量测线锤到前柱的距离。图 2-30 测量的是左右的偏移量,图 2-31 测量的是前后的偏移量。距离差就是偏移量。尽可能地将偏移量缩小到 1 mm 以内。

(4) 调整轿厢平衡,是调整斜拉杆或加挂平衡铁,调整完毕后将导靴装上,卡胶装上,微接触直梁,斜拉杆接触平垫再锁 1/2 圈双重螺帽再对锁。

注意:轿厢不平衡将引起轿厢震动!

2.2.2.4 轿门的安装

1. 轿门的安装

(1) 将轿门地坎安装在轿厢平台上，并使地坎的中心线与轿厢中心线在同一条线上。用线坠检验轿门的导轨与地坎是否平行，而且它们的边缘是否在同一水平面上。

(2) 将轿门导轨和地坎清洁干净。

(3) 将轿门门头挂板上的两个偏心轮拆除，然后将轿门挂于门头导轨上，再将两个偏心轮装回原处，并调节偏心轮，使它们与导轨之间的距离为 0.3~0.7 mm。

(4) 用线坠检查并调整门板的垂直度，使门板上下的差别在 1 mm 以内。

(5) 用同样的方法安装另一个门。

(6) 检查并调整两扇门板与周边的间隙，应符合 (5±1)mm 的要求，而且两扇门的平面段差应该在 ±1 mm 的范围内。

(7) 调整完毕后，上紧所有螺钉，用手动轿门，确保轿门滑动自如。

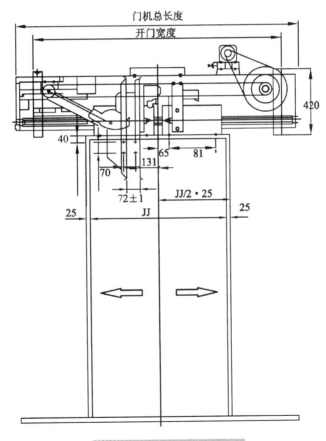

图 2-32 门机总成示意图

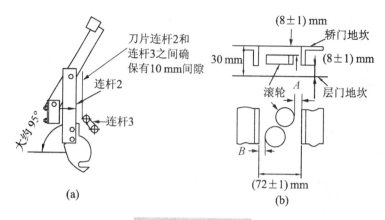

图 2-33 门锁关系

2. 刀片调整

TKP131-06 开门机的门刀调整按图 2-33(a),在门开到位时要保持自锁状态,刀片和滚轮按图 2-33(b)[$A=B=(10\pm5)$ mm]调整;TKP131-07 刀片和滚轮位置按图 2-33(b)[$A=(6\pm1)$ mm,$B=(13\pm1)$ mm]调整,TKP131-07 开门机的同步门刀按图 2-34(a)来调整:图示为关闭状态,两个挂板之间距离为 50 mm,开门时右边的锁紧装置(图 2-34(b))弹簧锁紧凸轮,同时可动刀片合拢,尺寸 72 变为 46,然后同步门刀和挂板同步运动,开门开始。向上移动锁紧凸轮或压缩锁紧装置弹簧可增大锁紧力。

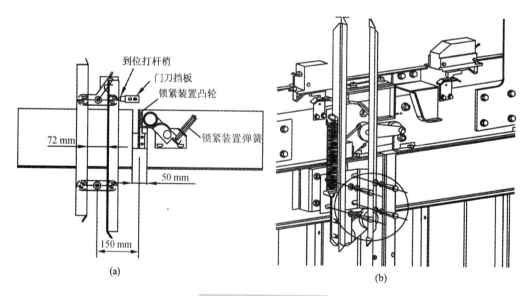

图 2-34 门刀的安装

3. 关门行程尺寸

关门到位时两挂板之间距离为 50 mm,如果达不到微调挂板撞块伸出长度,检查开门行程是否达到(TKP131-06 开门行程 JJ+32,TKP131-07 开门行程 JJ),如果达不到,调节挂板撞块伸出长度直至达到要求。

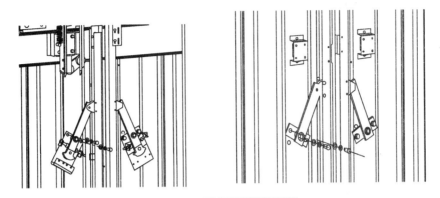

图 2-35 安全触板的安装

2.2.2.5 轿顶护栏的安装

如图 2-36 所示,将护栏组件搭接成为轿顶护栏。

注意:安全护栏必须以轿架上梁为支承体,护栏的安装不能与轿厢有任何接触。

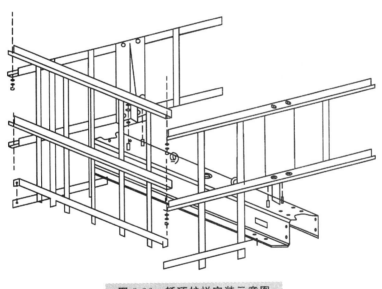

图 2-36 轿顶护栏安装示意图

2.2.2.6 轿厢护脚板的安装

(1) 将轿厢护脚板固定支架连接安装在轿底连接孔上。

(2) 将轿厢护脚板固定安装在连接支架上。

(3) 将轿厢护脚板与轿厢地坎连接底座连接。

(4) 紧固所有的连接螺丝。

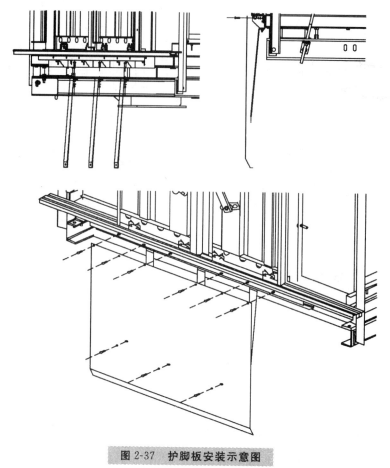

图 2-37 护脚板安装示意图

2.2.3 曳引机的安装

2.2.3.1 主机承重梁安装

1. 定位承重梁的方式

(1) 先将电梯井道放样中心用线垂引到机房地板。

(2) 以木板平铺于预留孔上做一标记,以表示曳引钢绳的中心线。

(3) 量测曳引机曳引轮中心到两侧固定防震垫的距离(图 2-38 中的 A、B)。

(4) 以此距离来定位两根承重梁的位置。左、右承重梁到曳引轮中心距离为 $A=B$。

缓冲垫安装于承重梁上的位置是不可移动的,所以主机坐落于承重梁上的位置也是固定的。它们的基准线就是曳引中线。

注意:图例仅供参考,实际施工时以上述的原则进行定位。

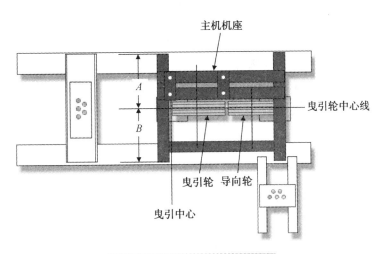

图 2-38 承重梁定位示意图

2. 安装时注意事项

(1) 承重梁间的距离是以机座的大小来决定的。

(2) 安装承重梁必须与承重墙有过墙中心 20 mm 以上的搭接长度,且不小于 75 mm (图 2-39)。

(3) 承重梁必须安装在同一平面上,用水平尺测量它们的水平度,要求前、后、左、右的水平误差在 2/1000 以内,必要时用垫片调整它们的水平度使其达标。

(4) 如图 2-40(a)所示,平行度 A 和 B 相差 2 mm。

(5) 如图 2-40(b)所示,垂直度 A 和 B 偏差 0.5 mm。

(6) 当主机安装完毕,需将承重梁与预埋铁焊接,然后进行隐蔽工程。

注意:搬运承重梁请使用起重装备,搬运及安装时注意人员安全。

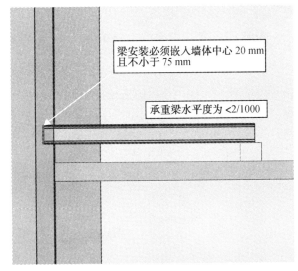

图 2-39 承重梁的定位

警告:承重梁为重型电梯结构,不适当的现场操作会造成人员伤亡。

图 2-38 仅以永磁同步曳引机主机座来说明安装原则,涡轮涡杆主机的安装原则与永磁主机相同。

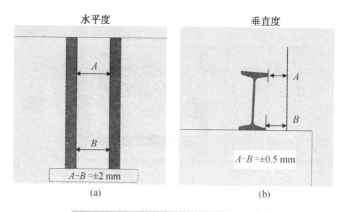

图 2-40 承重梁的定位尺寸与精度

2.2.3.2 曳引机架的安装

如图 2-41 所示,将缓冲垫装于承重梁上,用导轨压码固定并使用专用螺丝固定牢靠。固定曳引机架示意图如图 2-42 所示。

注意:承重梁上没有预先做好的螺孔。当承重梁定位好后,就在曳引机架将要放置的位置上把防震垫的位置也确定好,并在承重梁上钻孔,以便后续安装。缓冲垫有数种型式,安装时以实物为主。

警告:曳引机架为重型电梯结构,不适当的现场操作会造成人员受伤。

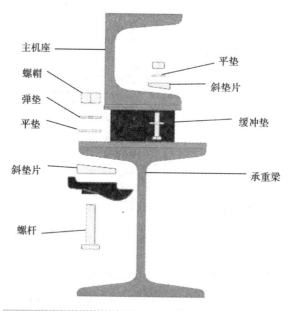

图 2-41 承重梁、曳引机架和缓冲垫支架的连接细节

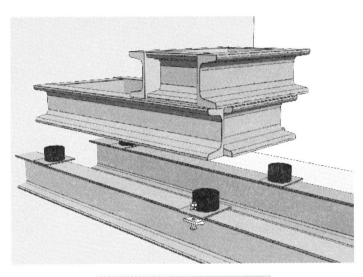

图 2-42 固定曳引机架示意图

2.2.3.3 曳引机的安装

(1) 在主机座安装完毕后,利用业主提供的起重 U 型吊钩,用手动葫芦将主机吊起,轻放于主机座上。

(2) 按以下步骤精调主机位置,使主机的位置与安装图要求的尺寸符合:

A. 主机曳引轮和绳头板必须要校正至与它们相应的位置一致。从主机曳引轮曳引端放一垂线至轿厢的反绳轮,再从导向轮放一垂线到对重反绳轮(图 2-44(a)中的 A),两线的距离应等于轿厢反绳轮曳引边到对重反绳轮中心的距离(图 2-44(a)中的 B)。

B. 将每对导轨的工作面标示出来,在导向轮和曳引轮的中心槽上各放置一条代表钢丝中心的垂线至井道样板架以校正主机的位置(图 2-44(b))。

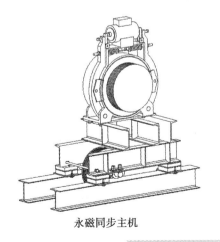
永磁同步主机

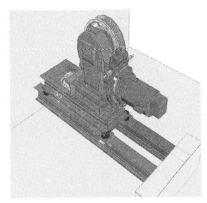
涡轮涡杆主机

图 2-43 目前主要的曳引机形式

注意:在对重侧钢丝绳的安装位置应偏离于对重工作面中点有对重反绳轮半径的距离(图 2-44(c))。

C. 用线坠测量主机曳引轮的垂直度,检验其垂直误差是否在±0.5 mm 以内,如不符合要求,使用专用垫片垫于防震橡胶与主机承重梁之间,使其误差符合要求(图 2-44(d))。

D. 悬挂钢丝绳安装完毕后,还需重新调整垂直度。

E. 主机定位完成后,安装曳引轮防护罩。

以上为 2∶1 曳引比主机的定位方式。

F. 1∶1 的曳引比定位的方法请参考图 2-45。

注意:主机为精密、贵重的重型设备,请用起重机具搬运,并注意人员及装备的安全。

警告:不当的搬运操作将会造成设备或人员的损伤。

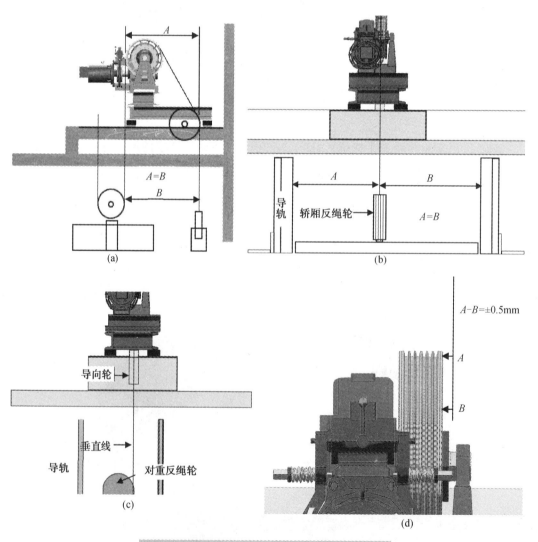

图 2-44 曳引比为 2∶1 的曳引机的尺寸定位

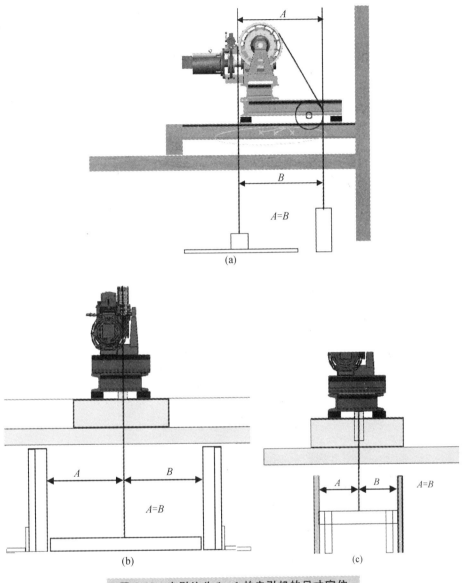

图 2-45 曳引比为 1∶1 的曳引机的尺寸定位

2.2.3.4 导向轮的安装

(1) 主机导向轮是安装在两条主机承重梁之间,用两个 U 型环将导向轮的轴固定在主机架上,且按土建图要求调整两绳距离。U 型螺丝的螺母必须锁紧以防走位,如图 2-46 所示。

(2) 导向轮与曳引轮的定位方式如下:

A. 在导向轮与曳引轮间标定两条基准线,这样会产生 8 个交汇点,如图 2-46 所示。

B. 如图 2-46(b)所示:$1=2, 5=6, 1-5=2-6=-4<1$ mm;$3=4, 7=8, 3-7=4-8=-4<1$ mm。

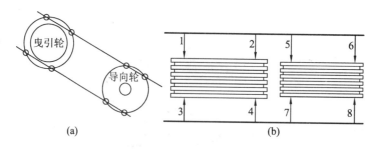

图 2-46 导向轮定位

(3) 调整导向轮的位置,导向轮对铅垂线的垂直度偏差不大于 1 mm,使轮子的平面与主机曳引轮的平面误差在 1 mm 以内。导向轮的组装示意图如图 2-47 所示。

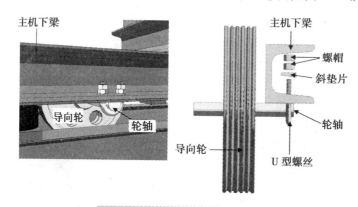

图 2-47 导向轮组装示意图

2.2.4 缓冲器与对重安装

2.2.4.1 缓冲器的安装

安装方法:

(1) 缓冲器的位置在土建图上有表示出来。

(2) 安装时要注意与轿厢底的冲撞位置相对应。量测轿底缓冲器作用区与导轨的相对位置,定位后,将缓冲器用膨胀螺丝固定在底坑地板上。

(3) 油压缓冲器活塞的不垂直度,按 A、B 的差,不得大于 0.5 mm,测量时应在相差 $90°$ 两个方向进行,量测垂直度的方法请参考图 2-48(d)。

(4) 油压缓冲器安装时,应检查有无锈蚀,油路是否通畅。

(5) 缓冲器中心应对准轿厢或对重缓冲板中心,偏移不得超过 20 mm。

(6) 缓冲器顶面的不水平度不应大于 45/1000,量测水平度的方法请参考图 2-48(d)。

(7) 轿厢缓冲器的越程(缓冲距):液压缓冲器为 150~250 mm,储能缓冲器为 200~300 mm。

(8) 对重液压缓冲器的越程(缓冲距):150~400 mm,储能缓冲器为 200~350 mm。

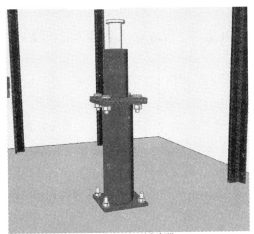
(a) 轿厢缓冲器

(b) 轿厢缓冲器及对重缓冲器

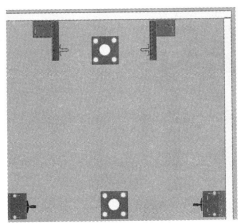
(c) 缓冲器实装俯视图

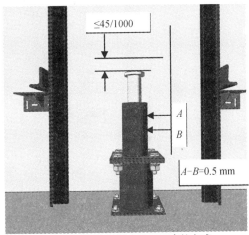
(d) 量测水平及垂直的方式

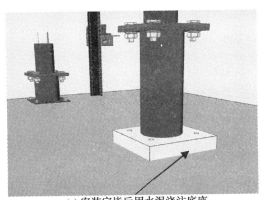
(e) 安装完毕后用水泥浇注底座

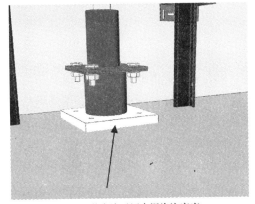
(f) 安装完毕后用水泥浇注底座

图 2-48　缓冲器安装示意图

(9) 新液压缓冲器需进行加油。

(10) 安装缓冲器完毕后,需将缓冲器上的镀铬层进行防锈处理,通常是涂抹上一层油,再用塑料袋罩住。

(11) 安装完毕确认无误后要用水泥将底座固定,如图2-48(e)、图2-48(f)所示。

2.2.4.2 对重架安装

为了便于安装对重框,首先应将对重框架一侧的活动导靴靴衬或固定式导靴拆下。

(1) 在对重导轨上方位置,两对重导轨间距中心处设置一可靠固定受力点,悬挂一葫芦。利用葫芦将对重框缓缓送入井道内,下落至先行准备好的 100×100 mm 的两根竖方木上,方木高度 $C=A+B+$ 越程距离,如在钢丝绳没预拉过的前提下,越程距离应选最大值(图2-49)。

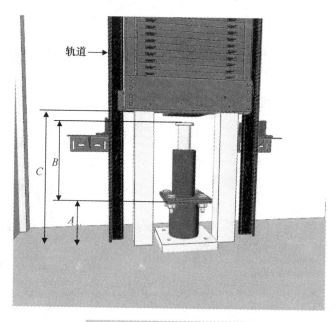

图2-49 对重架安装示意图

(2) 装上拆下的两个导靴(或靴衬),并按要求调整好间隙。

(3) 在装好对重框,安装好钢丝绳后,须在对重框中预放相当于或大于轿箱自重的对重块,以免脚手架拆除后因制动器还没调整而溜车。

(4) 电梯负载平衡系数一般在动慢车之前大致调整为对重总重=轿厢自重+额定载荷×(45%~50%),但此时对重块数尚未最终确定。

(5) 通过快车调整,测试电梯平衡系数为额定载荷的43%~45%,从而确定对重块的最终数目。

(6) 为了防止对重运行时的震动噪音,除在安装对重块时,块与块之间要安放水平、整齐外,还要安装对重块防震固定装置(图2-50)。

对重压条示意图如图2-51所示,对重架装配完成后的示意图如图2-52所示。

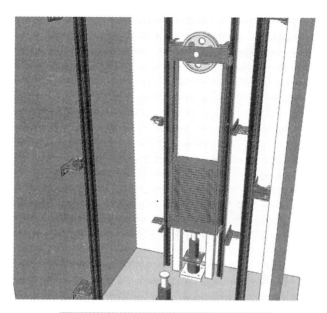

图 2-50 对重块防震固定装置示意图

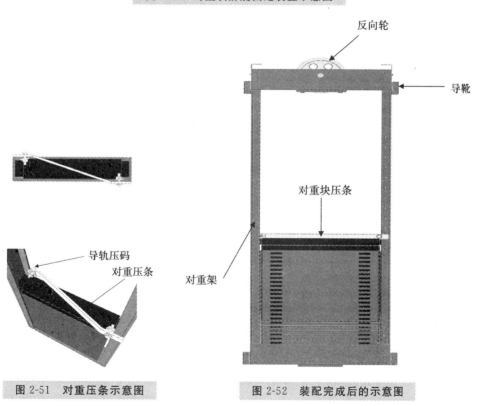

图 2-51 对重压条示意图　　图 2-52 装配完成后的示意图

2.2.4.3 对重护栏的安装

对重防护栏要求离地面必须不超过 300 mm，且在底坑地面以上延伸 2.5 m，且要保证轿厢与对重间有不少于 50 mm 的间隙，如图 2-53 所示。

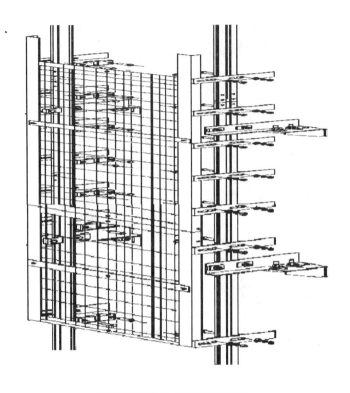

图 2-53 对重护栏安装图

2.2.5 钢丝绳的安装

2.2.5.1 钢丝绳的预拉伸

在安装钢丝绳前,必须先将钢丝绳预拉伸(因为钢丝绳在收藏或运输时都是圈捆的,钢丝绳会因长时间的圈捆产生定型,所以在使用钢丝绳前,要使钢丝绳恢复直线状态)。

预拉伸的方法如下:

(1) 将钢丝绳放置在高处(如机房或楼顶)。

(2) 将钢丝绳从高处放下使其自由垂下。

(3) 在钢丝绳下端固定一重物,使钢丝绳拉直。

(4) 至少放置 24 小时后才可以使用该钢丝绳。

以上是钢丝绳到现场的预拉伸方法,当然,如果向钢丝绳制造厂家提出要求,这个工作是可以在钢丝绳出厂前完成的。

2.2.5.2 钢丝绳绳头的制作方法

1. 用巴氏合金浇注的方法

制作绳头前,应将钢丝绳擦拭干净,并悬挂于井道内消除内应力。计算好钢丝绳在锥套内的回弯长度,用铅丝绑扎牢固。将钢丝绳穿入锥套,将绳头截断处的绑扎铅丝拆去,松开绳股、除去麻芯,用汽油将绳股清洗干净,按要求尺寸弯成麻花状回弯,用力拉入锥套,钢丝不得露出锥套。用黑胶布或牛皮纸围扎成上浇口,下口用棉丝系紧扎牢。灌注巴氏合金前,应先将绳头锥套油污杂质清除干净,并加热锥套至一定温度。巴氏合金在锡锅内加热熔化后,用牛皮纸条测试温度,以立即焦黑但不燃烧为宜。向锥套内浇注巴氏合金时,应一次完成,并轻击锥套使内部灌实,未完全冷却前不可晃动。如图 2-54 所示。

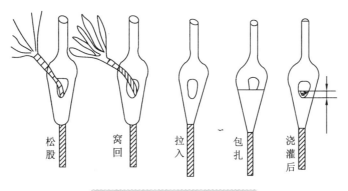

图 2-54　巴氏合金浇注绳头

2. 自锁紧楔形绳套

自锁紧楔形绳套,因不用巴氏合金而无需加热,更加快捷方便。将钢丝绳比充填绳套法多 300 mm 长度断绳,向下穿出绳头拉直、回弯,留出足以装入楔块的弧度后再从绳头套前端穿出。把楔块放入绳弧处,一只手向下拉紧钢丝绳,同时另一只手拉住绳端用力上提使钢丝绳和楔块卡在绳套内。当轿厢和对重全部负载加上后,再上紧绳夹,数量不少于 3 个,间隔不小于钢丝绳直径的 5 倍,如图 2-55 所示。

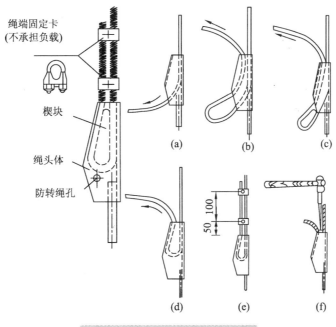

图 2-55　自锁紧楔形绳套方法

2.2.5.3 钢丝绳的安装方法

（1）钢丝绳长的确定，如果实际井道土建尺寸与图纸土建一致，或是标准井道，可以直接按土建图尺寸计算（钢丝绳是没有预拉伸的），采取将计算总长减去 0.5% 作先期处理，即钢丝绳截断长度：L（测量总长）$\times(1-0.5\%)$。以上方法只是一种大致的估算方法，在实际确定钢丝绳长度之前，须经过实际验证。

（2）测量实际尺寸时宜用截面为 2.5 mm² 以上的铜线进行。在轿厢或对重各装一个绳头装置，其螺母位置以刚好能装入开口销为准（或者在实际确定钢丝绳长度时把钢丝绳折弯的全长度计算进去）。计算方法为

对单绕式电梯：$L=X+2Z+Q$；对复绕式电梯：$L=X+2Z+2Q$。

X——由轿厢绳头锤体出口处至对重绳头出口处的长度；

Z——钢丝绳在锤体内，包括绳头折弯的全长度；

Q——轿厢在顶层安装时垫起的高度；

L——总长度。

（3）曳引钢丝绳在电梯中起重要作用，因此，绳的安装至关重要。必须在现场小心处理钢丝绳，防止被水、水泥或沙子等损坏。当从滚筒上倒钢丝绳时，切记勿使钢丝绳扭曲致使它扭结，因为扭结的钢丝绳不能使用。

（4）钢丝绳固定要求。

绳头要求：① 轿厢与对重停于对立位置，绳头弹簧高度 x 值相差不大于 2 mm。② 用拉力计将钢丝绳逐根拉出同等距离，其相互的张力差不大于5%。钢丝绳张力调整后，绳头上双螺母必须拧紧，穿好开口销，并保证绳头杆上丝扣留有必要的调整量。③ 张力调整后务必让电梯运行几次后再来测量 x 值，如图 2-56 所示。④ 钢丝绳头要做好二

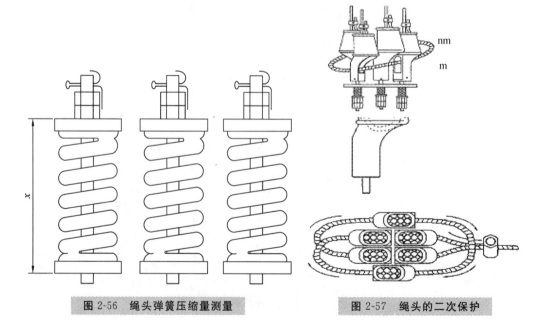

图 2-56　绳头弹簧压缩量测量　　图 2-57　绳头的二次保护

次保护,如图 2-57 所示。

2.2.6 限速器的安装

限速器在出厂时已经过严格的检查和试验,安装时不允许随意调整限速器的弹簧压力,以免影响限速器的性能。

(1) 限速器位置(与壁 100 mm 以上),如不妨碍操作及维修则不在此列(图 2-58(a))。

(2) 在机房内依图纸位置标示出限速器安装位置。

(3) 用 M8 螺丝固定于限速器固定座上,或在预定安装限速器的位置用混凝土浇制一个高 20 mm、宽必须凸出限速器的边缘 50 mm 的限速器座(图 2-58(b)、图 2-58(c))。

(4) 用 M12 膨胀螺丝将限速器安装于水泥底座上。

注意:安装前注意限速器方向。

(5) 用直尺紧贴绳轮,测量直尺与线坠的距离。在底座与限速器间,以垫片调整限速器的垂直度,垂直度≤0.5 mm,然后旋紧固定螺丝(图 2-58(c))。

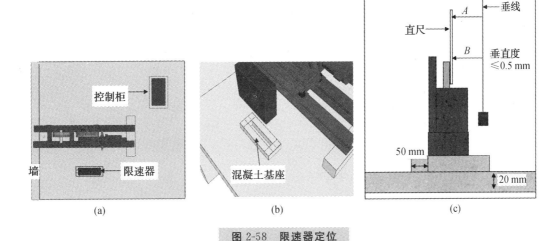

图 2-58 限速器定位

表 2-3 限速器钢丝绳及张紧轮安装检查项目

限速器钢丝绳及张紧轮安装确认	
项次	检查项目
1	限速器钢丝绳与导轨间距偏差不大于 5 mm
2	限速器钢丝绳绳头绑扎及固定方向(图 2-59)
3	限速器钢丝绳及连接杆之连接,开口销插入
4	限速器张紧块之固定安装状况
5	限速器张紧块安全距离(图 2-59)

（续表）

限速器钢丝绳及张紧轮安装确认	
项次	检查项目
6	限速器钢丝绳与机房地板间隙水平（10 mm 以上）
7	限速器钢丝绳夹板之螺丝向轿箱侧
8	限速器之断绳开关安装状况
9	井道行程超过 30 m，则每 30 m 需装一档钢丝绳防晃支架
10	如限速器钢丝绳断裂，张紧轮开关能可靠制停

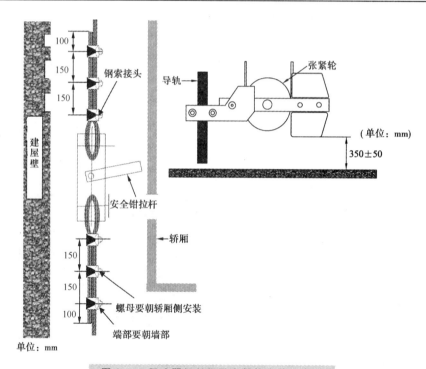

图 2-59 限速器钢丝绳及张紧轮安装示意图

2.2.7 厅门的安装

2.2.7.1 厅门地坎安装

地坎安装必须要绝对平行于导轨，图 2-60、图 2-61、图 2-62 表示了如何正确安装地坎以达到平行。

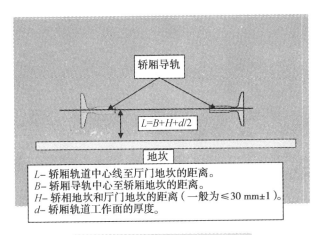

图 2-60　厅门水平方向的定位

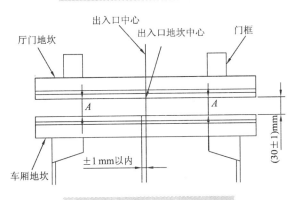

图 2-61　厅、轿门地坎的定位

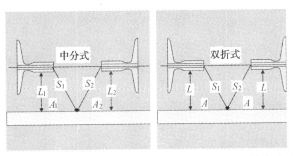

如 S_1、A_1、L_1 三个尺寸测量准确的话,即与净开门 1/2 距离构成直角三角形。因此,$A_1=\sqrt{S_1^2-L_1^2}$,$A_2=\sqrt{S_2^2-L_2^2}$,即地坎中心偏差肯定在误差标准范围之内。上述方式是为了正确的安装地坎,保证地坎与导轨绝对平行。

图 2-62　依据导轨定位厅门地坎的方法

厅门地坎安装确认:

(1) 井道内样板尺寸确认。

(2) 芯线至地坎间隙 $(30+1)$ mm 或 $(30-0.5)$ mm。

(3) 地坎中心与芯线中心左右偏差 C:± 1 mm。

(4) 地坎水平度≤1/600。

(5) 膨胀螺栓之固定状况及锁紧度。

(6) 膨胀螺栓之平垫片之点焊。

(7) 点焊部之焊渣去除及油漆。

(8) 地坎挡泥板安装正确,固定可靠。

(9) 地坎护脚板之安装不可凸出地坎边缘。

(10) 地坎安装后比业主地面高 2～5 mm(装修面)。

(11) 地坎支架与井道壁接触应紧密。

(12) 地坎支架间焊接状况良好,焊接长度足够。

(13) 120 m/mim 以上地坎护脚板须用铁丝帮扎固定。

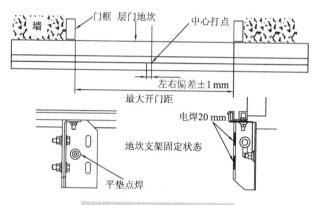

图 2-63 厅门地坎的安装

2.2.7.2 门头及门框安装

门头及门框的具体安装如图 2-64、图 2-65、图 2-66、图 2-67、图 2-68 所示。

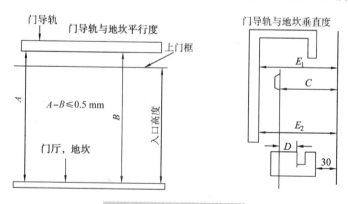

图 2-64 厅门垂直定位

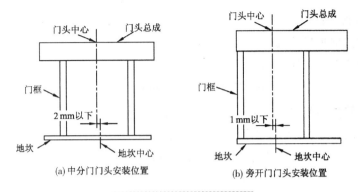

图 2-65　门头安装定位

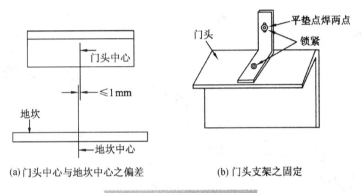

图 2-66　门头的固定方法

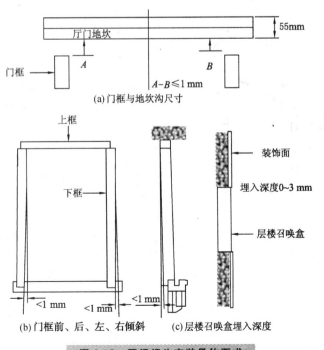

图 2-67　厅门门头安装具体要求

门头安装确认:

(1) 井道内样板尺寸确认。
(2) 门导轨下沿与地坎面间距。
(3) 门导轨面与芯线之间距 C:73.5±0.5 mm。
(4) 门导轨侧面与地坎侧面间距 D:14.5±0.5 mm。
(5) 门头之垂直度(与芯线平行度)E:≤0.5 mm。
(6) 门头中心与地坎中心左右偏差 F:±1 mm。
(7) 膨胀螺栓之固定状况及锁紧度。

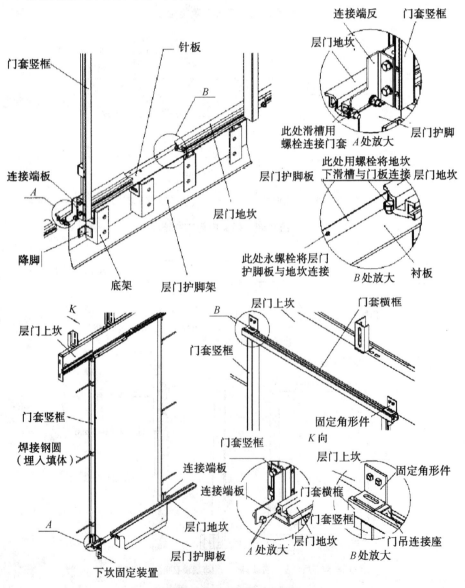

图 2-68 厅门套组装图

(8) 膨胀螺栓平垫片之点焊。

(9) 点焊部之焊渣去除及油漆。

(10) 门头支架不应突出门头最外沿。

(11) 门头支架与井道壁接触应紧密。

2.2.7.3 厅门安装总体要求

(1) 安装前应对厅门各部件进行检查,对不符合要求处应进行修整,对转动部分应进行清洗加油,做好安装准备。

(2) 检查地坎应具有足够的强度,其不水平度不大于 1/1000,地坎应高出装修地面 2~5 mm。

(3) 安装立柱和上坎时,门立柱或上坎离墙超过 30 mm,应用垫头或螺母加以固定。

(4) 井梯如为砖墙结构,采用预埋地脚螺栓法;如为混凝土结构,可以打膨胀螺丝或钢筋加以固定。

(5) 门套与地坎安装还应注意,对角线尺寸的校核,在门立柱与地坎连接后,最后用电焊将膨胀螺丝与门套固定。

(6) 在安装门套时,还要考虑门套与厅门间隙是否为 4~8 mm,门套中心与上坎中心是否在同一直线上。净开门距是否准确。

(7) 安装上坎时应用 400~600 mm 水平仪测量其水平度,并用线坠检查门导轨与地坎滑槽的平行度。上坎两侧与轿箱导轨的距离是否一致,上坎中心与地坎中心是否在同一直线上。

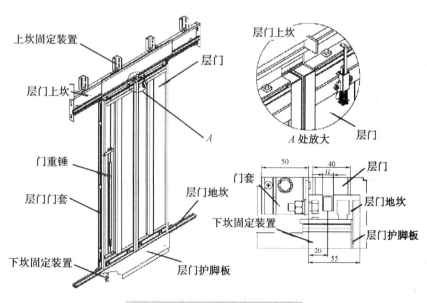

图 2-69 厅门安装完毕示意图

(8) 厅门安装检查要求:① 厅门下端与地坎间隙(5±1)mm。② 厅门与门框间隙

(5±1)mm。③ 厅门全闭时之倾斜≤1 mm。④ 厅门全开时门中心与芯偏差≤1 mm。⑤ 厅门应无弯曲变形及刮伤现象。⑥ 厅门颜色及型号应一致,应依背面之标识安装,避免两扇门间有色差。⑦ 驱动钢丝绳张力确认。⑧ 厅门偏心轮之间隙 0.3～0.7 mm。⑨ 紧闭弹簧安装固定。⑩ 厅门自闭力可靠。⑪ 厅门关闭时两扇门之门缝间隙≤0.5 mm。⑫ 两片厅门全闭时断差≤0.5 mm。⑬ 厅门端部防撞橡皮上沿多余伸出部分须切除。⑭ 当相邻两厅门地坎的间距≥11 m时,其间应设井道安全门,井道安全门高度≥1.8 m,宽度≥0.35 m,不得朝井道内开启,且只有在关闭状态下电梯才能启动,在不需要钥匙的情况下可以从井道内将门打开。⑮ 当厅门全闭时,重锤必须露出重锤套 50 mm,且连接螺丝锁紧确认。⑯ 重锤套筒固定可靠。⑰ 重锤套筒下防坠落开口销插入确认。

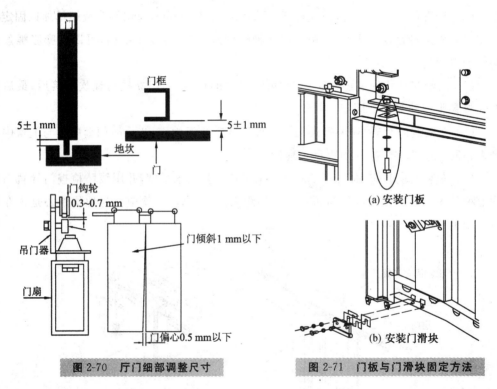

图 2-70　厅门细部调整尺寸　　　图 2-71　门板与门滑块固定方法

2.2.8　补偿链(或补偿绳)的安装

1. 补偿链(补偿绳)机坑安装高度基准

(1) 补偿链(补偿绳)之安全距离(200±50)mm。

(2) 防晃导轮安装位置距补偿电缆底部约 500 mm。

2. 防晃导轮取付方式

(1) 当速度在 180 m/min(含)以上时,车厢及配重侧均需使用。

(2) 当速度在 150 m/min(含)以下时,需于配重侧取付即可。

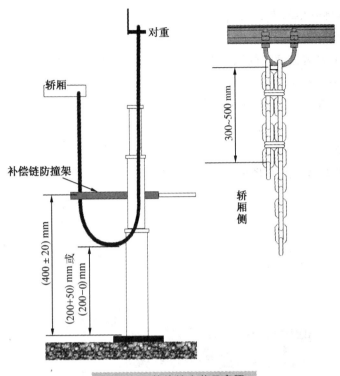

图 2-72 补偿链安装示意图

3. 补偿链(补偿绳)安装确认

(1) 补偿链条环挂入 U 型钩内及加装 4⌀钢丝绳双重保护。

(2) 补偿链条端头之处理。

(3) 双重螺母锁紧,插销插入及分割之状况。

(4) 补偿链条之安全距离(200＋50)mm 或(200－0)mm。

(5) 补偿链条无扭曲状况,运行顺畅。

(6) 全塑补偿链端头二次保护及 S 型挂钩安装确认。

(7) 全塑补偿链之防晃导轮安装状况。

(8) 全塑补偿链之安全距离(200±50)mm。

(9) 如在运行中,补偿装置与防护栏或井道壁干涉须追加橡皮保护。

2.3 电梯电气装置的安装

2.3.1 控制柜的安装

控制柜放置的位置以实际的图纸为准,此图例仅供参考。

控制柜前应有一块净空面积,对该面积的要求是:

(1) 深度：从屏到柜的外表测量时不小于 600 mm(图 2-73)。

(2) 宽度：为 600 mm，或屏、柜的全宽取两者中的大者(图 2-73)。

(3) 将控制柜安装在预浇的混凝土座上，用 M12 的膨胀螺丝固定。

(3) 用垂线来测量控制柜的前、后、左、右倾斜度≤1.5/1000。

(4) 操作面一致≤5 mm(两座以上控制柜时)。

(5) 表面及内容无损坏、变形和缺件，并保持整洁。

注意：控制柜为精密、贵重的设备，搬运时请注意人员及设备的安全。

警告：不适当的搬运操作将对人员及设备造成损伤。

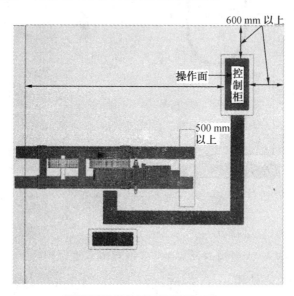

图 2-73 控制柜位置示意图

2.3.2 随行电缆的安装

1. 随行电缆的安装

(1) 根据放置钢丝绳的要求，将整卷的随行电缆支架在最高层站的大厅门口附近，使其可以自由转动。

(2) 预计随行电缆长度，当轿厢压尽缓冲器时，随行电缆应不受到拉力，弯折点与底坑应有(300±50)mm 以上的适当距离。

(3) 随行电缆的弯曲弧度直径应大于 500 mm，而且应将印有文字的一侧处于圆弧的外侧。

(4) 随行电缆在电梯的运行过程中应该与导轨支架、缓冲器等固定物没有触碰。

2. 随行电缆支架的安装

(1) 当提升高度小于 45 m 时，在机房底板以下，0.5～1 m 处安装一个可以承受电缆重量的电缆支架，在井道中(提升高度一半＋2.5 m)处安装一个不需承受电缆重量的电缆支架。

（2）当提升高度大于 45 m 时，在机房底板以下，0.5～1 m 处安装一个可以承受电缆重量的电缆支架，在井道中（提升高度一半＋2.5 m）处也安装一个可以承受电缆重量的电缆支架。

电缆支架的固定方法如图 2-74 所示。

（3）将随行电缆安装在井道支架上，把余下的随行电缆引到机房与控制柜连接。

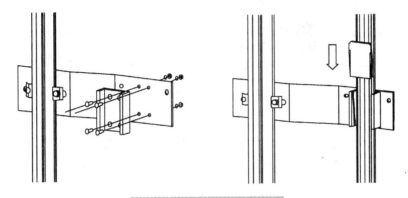

图 2-74　电缆支架的固定

3. 安全距离

电梯在底层平层位置时，电缆底部到底坑的距离为安全距离，如图 2-75 所示。

（1）定格速度（m/min）为 150 以下时，安全距离为 (300 ± 50) mm。

（2）定格速度（m/min）为 180 时，安全距离为 (400 ± 50) mm。

（3）定格速度（m/min）为 210 时，安全距离为 (550 ± 50) mm。

（4）定格速度（m/min）为 240～360 时，安全距离为 (1500 ± 50) mm。

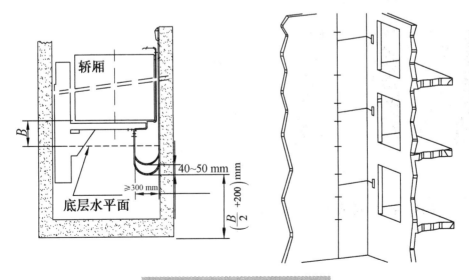

图 2-75　电梯井道内布线示意图

2.3.3 称重的安装

称重装置可安装于轿厢侧绳头板上,也可安装于轿厢底下(活轿底情况下适用)。

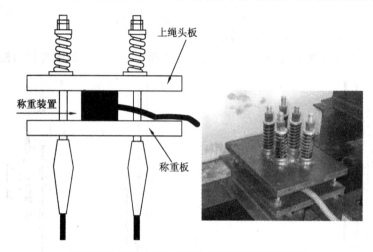

图 2-76 安装在轿厢绳头板侧的称重装置

2.3.4 平层感应器的安装

平层感应开关安装应横平竖直,各侧面应在同一垂直面上其垂直偏差不大于 1 mm;感应板安装应垂直,其偏差不大于 1/1000,插入感应开关时宜位于中间,插入深度距离感应器开关内尺寸大于等于开关内总尺寸的 2/3,偏差不大于 2 mm,若感应开关灵敏度达不到要求时,可适当调整感应板,但与感应开关内各侧间隙不小于 7 mm。感应开关 2 个竖放,开关中心间距 200 mm,如图 2-77 所示。

 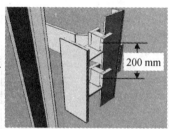 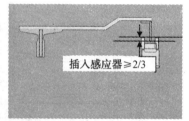

图 2-77 平层感应器及平层插板的安装图

2.3.5 减速、限位、极限开关的安装

极限开关由装在轿厢上的碰铁来动作,它装在井道的上、下两端,用来保证电梯轿厢不至于冲顶或者蹲撞缓冲器。极限开关是电梯控制安全线路的一部分,当轿厢上的碰铁触及开关上的滚轮臂时,它便切断整个系统的电路。

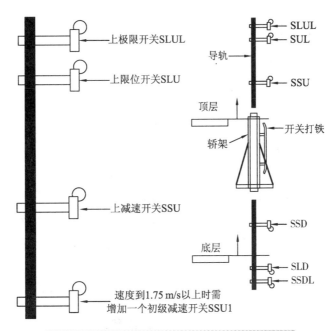

图 2-78 井道减速、限位、极限开关的安装图

井道减速、限位、极限开关的安装图如图 2-78 所示。端站上至少有 2～4 个开关,每个开关的名称和功能如表 2-4 所示。

表 2-4 各种开关代号

	底层	顶层
强迫减速开关(初级减速)	SSD	SSU1
强迫减速开关(次级减速)	SSD	SSU
限位开关(方向限位)	SLD	SLUL
极限开关(终端极限)	SSDL	SLUL

安装滚轮开关的次序是:

(1) 底(或顶层)减速开关,从最低的(或最高的)层站地板向上量起依表 2-5 中的尺寸安装。

(2) 限位开关,从减速开关位置量起加 50 mm。

(3) 急停开关,从平层感应板位置量超加 150 mm,如表 2-5 所示。

表 2-5 各种开关定位尺寸

定位尺寸(mm) \ 开关 \ 梯速(m/s)	0.5	0.75	1	1.5	1.75	2
SSU、SSD	−600	−1100	−1800	−2400	−2600	−3000
SLD、SLU	+50	+50	+50	+50	+50	+50
SSDL、SLUL	150±15	150±15	150±15	150±15	150±15	150±15

2.3.6 机房线槽的安装

线槽的放置应以实际的现场为主,图例仅供参考。

(1) 机房内线槽布置以简洁、整齐为主(图 2-79)。

(2) 线槽每段至少和楼面有 3 个固定点。

(3) 线槽应平整,无扭曲变形,内壁无毛刺。

(4) 安装后应横平竖直,其水平度及垂直度误差均应在 4/1000 以内,且全长偏差在 20 mm 以内。

(5) 接口应封闭、转角应圆滑、固定牢靠、槽内无积水、污垢。

(6) 凡是出入口、转角、裁切的接口,都必须贴上橡皮胶以保护线路的完好。

(7) 槽盖应齐全,盖好后应平整,无翘角,每条线槽盖至少应有 6 枚自攻螺丝把槽盖紧固在线槽上。

(8) 线槽与线槽的接口处,要安装接地线,且每根线槽都需要接地。

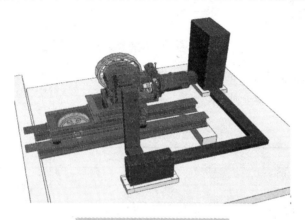

图 2-79 线槽安装示意图

2.3.7 主机编码器的安装

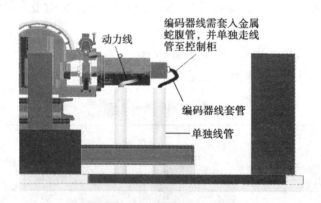

图 2-80 编码器安装示意图

主机的旋转编码器是一个敏感的感测仪器,它的信号传输线路必须在无干扰的情况下才能保证主机运行正常。所以,对于旋转编码器的信号传输线路,需采取额外的保护:

(1) 旋转编码器的信号传输线路需另外套入金属软管内。
(2) 安排信号传输线路到控制柜的路线时,要与动力线隔离。
(3) 旋转编码器的信号传输线路不安排进入线槽,而是单独配管至控制柜。

2.3.8 井道照明的安装

机房内应单独设置机房照明设备,以便机房内的操作和维修,而且要求根据机房的大小有足够的亮度。

井道照明安装的要求:

(1) 井道最高与最低0.5 m以内各安装一处照明,中间每隔7 m设中间灯(图2-81)。
(2) 机房内和底坑内应设置一互联控制开关,可以单独控制井道灯,该电源开关应独立设置供电,并设置短路和过载保护。
(3) 井道照明灯应有足够的亮度,并在适当的位置设置插座开关。

图 2-81 井道照明安装示意图

2.4 电梯调试与试运行

2.4.1 通电调试前的现场检查项目

(1) 由甲方提供的三相五线制电源提供到电梯机房门口的配电箱内。

(2) 主要的机械安全部件——限速器、安全钳、缓冲器等安装完毕,且动作有效、可靠。

(3) 检查各处接线完毕,且接线正确,并无多余接地,各电气部件的金属外壳均有良好接地,且接地电阻≤4 Ω。

(4) 机房、井道均无影响电梯运行的杂物,底坑无积水,且厅门门口封堵完毕。

(5) 复核各电梯机械部件是否完全紧固,复核各安全回路开关及门锁各层触点是否有效。

(6) 对重架上装接近平衡系数的对重块(估算)。

2.4.2 试车

(1) 将钢丝绳脱离主机。

(2) 短接上下限位、安全回路、门锁回路。

(3) 确认轿内与轿厢处于正常位置,机房处于检修位置,接通主电源开关变频器显示正常。检测主电源的任意两相,看电源偏差 AC 380 V±7%,分别测任意一相对 PE 和 N,为 AC 220 V±7%。

(4) 送上主板电源,主板显示正常,测量供主板电源的开关电源的输出电压。测量安全回路、门锁回路电源电压。

(5) 确认主板显示检修状态,对变频器进行参数输入。

(6) 进行电机自整定,让变频器学习电机参数。

(7) 电机自整定成功后,挂好钢丝绳并去掉多余短接线。

(8) 按原取下钢丝绳顺序,把钢丝绳放回曳引轮槽内。

(9) 拆除脚手架,并进行井道和导轨的清扫工作。

(10) 确认电梯控制系统的信号正常后走慢车,上下运行数次,并用煤油清洗导轨(若用滚轮导靴的电梯,则不必润滑,清洗干净即可)。

(11) 进行井道内各部件尺寸调整,准备快车调试。

2.4.3 快车调试

快车调试由经过专业培训的调试人员进行。具体方法根据各公司的控制系统而不同有所不同,这里不再赘述。

2.5 电梯无脚手架安装施工

2.5.1 总则及一般规定

(1) 无脚手架安装一般适用于中高层、有机房电梯。本安装方法是目前通用的安方法,有关具体的安装要求在下文有较详尽的说明,本安装工艺能提高作业效率、改善安装质量、强化作业安全性,是一种较先进的安装工艺。

(2) 电梯安装必须由专业的安装人员安装、调试。

(3) 电梯安装的基本流程:现场测量及记录→施工计划的确认→开工准备→机房部件搬运并安排临时电源→样板制作、放样→机房设备安装→机房配线→底部导轨支架安装→轿厢组装及导轨调整→缓冲器安装→限速器安装并放钢丝绳→对重架安装并放入适量对重块→曳引绳安装→安装操作平台、围栏、防护天花板、警告牌、对重防护网→动慢车→导轨支架定位、调整导轨→安装厅门→拆除操作平台及临时防护等→井道件安装→井道电缆安装→轿门安装→慢车调整→快车调试。

2.5.2 安装的准备工作

(1) 井道及机房尺寸的确认。

(2) 建筑物机房内应设有 AC 380 V 交流电源,AC 220 V 交流电源。

(3) 电梯部件清点校对工作。

(4) 井道门口的防护、安全标识。

(5) 人员的组织:一般由 3~4 人组成安装小组,其中需有熟练的安装钳工和电工各一名,以保证安装的顺利进行,由安装组长制订作业计划,明确要求统一安排。电梯安装施工前,必须到当地有关政府管理机构办理申报手续,获准后方可进行施工。

(6) 安装操作人员必须遵守安全作业规则。

① 安装人员必须持有政府部门批准的安全操作证,作业时戴好安全帽、系好安全带及工具带等,在井道内避免上下同时作业。

② 有关开工前及工作结束后必须检查的安全项目:

安全防护装置;机械及电气设备;辅助工具、安全工具;防火设备等。

2.5.3 机房内样板制作及放线

(1) 制作样板的木材应干燥不易变形,四角刨平互成直角,也可用 40 mm×40 mm 角铁制作。机房地面平整可地面弹线制作。

(2) 样架(或弹线)上标出轿厢中心线、门口中心线、门口净宽线、导轨中心线,各位置偏差不应超过 0.2 mm(图 2-82)。

(3) 在放线各点处应有预留孔洞,作为悬挂铅垂线使用。提升高度在 30 m 以内可用 0.5 mm 钢线,提升高度在 60 m 以上用 0.8 mm 钢丝作为放线用线。

(4) 样板制作尺寸。

(5) 机房地面清理平整放两根厅门口净宽铅垂线,然后遂层测量厅门口尺寸,使尺寸符合土建布置图标准,固定样板。

(6) 以厅门口样线为基准线,按土建布置图尺寸,依次固定好轿厢、对重样板,每根导轨放两根铅垂线。检查各样线间的尺寸,确认无误后架设下样板。

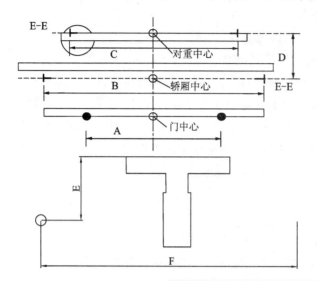

A. 厅门净宽
B. 轿厢导轨背距离
C. 对重导轨背距离
D. 轿厢中心至对重中心距离
E. 样线到导轨背距离
F. 两样线间的距离

图 2-82　机房内样板放线

（7）下样板距底坑为 300～4500 mm（图 2-83）,其安装位置条符合要求后用 U 型钉将铅垂固定底样板,检查各样线间的尺寸,确认符合土建布置图标准,再次确认井道尺寸是否标准。

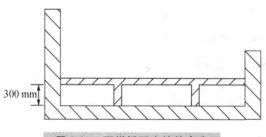

图 2-83　下样板距底坑的高度

2.5.4　机房内设备的安装

（1）机房内的机械设备是电梯的"心脏"和"大脑",搬运设备要特别小心,为不影响保养维修,控制柜的工作面离墙面的距离应大于 600 mm。控制柜与机械设备距离应不小于 500 mm。在电梯机房门口的外侧应设置"机房重地　严禁入内"的简短须知告示。

（2）支承曳引钢梁必须在承重墙上,在支承的地方由用户预埋好钢板或槽钢。曳引钢梁和承重墙的重叠量应大于 125 mm,且超过承重墙中心线 25 mm。

（3）承重梁的水平误差在曳引机安装位置范围内不大于 1‰。检查位置和水平度完好后,焊接图 2-82 中的"A"到"B"各处（即把承重梁与预埋支撑板焊在一起）。

（4）把曳引机座和导向轮、减震胶块固定在一起,放在承重梁上,在曳相机座上安装曳引机。调整曳引机位置,保证曳引机轮中心线与主导轨样板线中心相符,误差小于2 mm,固定减震胶块和曳引座。

(5) 通过在减震胶块下板底面加垫片的方法,使曳引机座的上表面水平误差≤1 mm,在曳引轮适当位置,标出轿厢升降方向。曳引轮及导向轮绳中心面的对称度误差不大于1 mm,曳引轮及导向轮的垂直度误差,在空载及满载情况下均不大于2 mm。

注意: 机房配线时,应将控制柜整体与地隔离,防止电焊时烧毁控制柜元器件。

2.5.5 底部导轨支架与导轨的安装

(1) 根据导轨支架垂线,在井道壁上划出导轨支架位置,用电锤在井道壁上打孔安装膨胀螺栓固定支架托架,在支架上用压力钳将木板或铁板临时固定在导轨支架上,焊接导轨支架,注意导轨支架的水平度与垂直度,保证焊接质量。

(2) 导轨单根长度为5 m,最底端导轨需要3步导轨支架,可利用脚手架或梯子固定第1、2步,最上端支架可以暂时不予固定,同时对下端2步支架进行导轨调整。

(3) 最底端导轨校正:

① 首先用博林特专用校正尺校正两根导轨的水平度,使两根导轨平行,偏差不大于1/300 mm。

② 用直角尺卡在导轨端面上,测量校线与导轨左、右、前、后的尺寸,使之与放线尺寸符合。

③ 每列导轨工作面(侧面与顶面)对安装基装线每5 m的偏差分两种情况:轿厢和设有安全钳的对重侧导轨,为不大于0.6 mm;不设安全钳的T型对重导轨,为不大于1 mm。在有安装基准线时,每列导轨应相对于基准线整列检测,取最大偏差值。电梯安装完成后检查导轨时,查对每5 m铅垂线分段连续检测(至少测3次),取测量值间的相对最大偏差不大于上述的2倍。轿厢导轨和设有安全钳的对重侧导轨工作面接头处不应有连续缝隙,且局部缝隙不大于0.5 mm,导轨接头台阶处用直线度0.01/300平直尺(如刀口尺)配合塞尺测量就不大于0.05 mm,超过应修平,修光长度大于150 mm。不设安全钳的T型对重导轨接头缝隙不大于1 mm,导轨接头台阶处应不大于0.15 mm,超过应修平。导轨顶面距离偏差,轿厢导轨为0~1 mm,对重导轨为0~2 mm。两导轨平行度偏差,用相对导轨卡规检查,误差值应小于±1/300(找正尺一个刻度之内),用直尺检查,直尺与导轨的间隙在轨侧面长度为30 mm时小于0.1 mm或以此为标准进行换算。

④ 校轨的方法:导轨校正部位应在导轨接头处以及导轨支架处。

⑤ 调整导轨:拧紧压板螺栓至弹簧圈平齐时,测量样线与导轨面的距离,若有偏差,则再适量增减垫片。消除支架的垂直度偏差,在支架与导轨底面的上下位置单边插入垫片。为避免支架处出现偏差,应在焊接作业时保证支架的位置精度。调整导轨纵向垂直度:实心轨样线与基准线的对中偏差在±0.5 mm以内;对同一方向的偏差每5 m不大于0.7 mm,全高不大于1.0 mm以内。

校正方法:拧松导轨压板紧固螺栓半圈后用手锤敲击导轨,直至卡板上的基准线与样线重合,拧紧压板螺栓。为便于观测,可将卡板适当倾斜(限于实心轨)。

注意事项:导轨校正过程中,应注意样线是否有位移。具体方法是测量任意两样线间的距离,看是否有变化。意外的原因,如井道坠物、搬运部件等均会造成样线的偏移。

调整导轨对向平行度及导轨距,校正方法:两人合作,使用专用找正尺在各校正部位测量,要求两校轨尺间的拉线不超过1个刻度线。若导轨对向平行度超差,可在导轨支架与导轨底面间插入单边垫片调整;若轨距超差则重复检查横向垂直误差并调整。

⑥ 导轨接头台阶和修光长度。校轨的要求:使用的垫片数超过5件或厚度超过3 mm时,要把垫片点焊在导轨支架上。单边垫片应点焊在导轨支架上。压板必须端正地压在导轨上,其整个长度上的倾斜度应不大于1。导轨校正完毕后,应拧紧压板螺栓,并将导轨支架的大平垫焊到导轨支架上,至少2点。

2.5.6 轿厢组装

(1)在井道首层左、右轿厢导轨上水平地装上装配支架,把下梁组件放在水平装设的轿厢架装配托架上。

① 此时为使安全钳体和导轨间产生均匀的间隙,要叠合一组衬垫,并插入该间隙中,加以固定,从而使其不能前、后、左、右移动,保证钳口与导轨的间隙。

② 当下梁组件找好水平后,按立柱组件上的孔把它装配起来,并轻轻地拧紧螺栓。

③ 立柱组件应平行导轨,如不平行,要用绞刀或锉刀修正螺栓孔。

④ 当立柱组件自然直立时,装上导靴后,按轿厢架连接螺栓对角线所有螺栓预紧。当预紧后,拆下一侧上部导靴并查明导轨中心一致,如果其误差≥2 mm,则松开所有螺栓,并重新调整它们的中心。

(2)轿底的组装

① 水平地装上轿厢托架,为此在下梁上、下水平面与轿厢托架之间可插入一个垫片并调节它,把斜拉筋固定于组件及轿厢托架上,斜拉筋螺母应用手带紧后,再拧进1/4圈拧紧锁紧,不要用力拉斜拉筋来调节轿厢托架水平度。在安装轿厢托架及斜拉筋后,安装随行电缆的吊架。

② 在底梁附近安装导轨限位支架及开关,保证电梯运行时,下导靴不会脱离导轨。

③ 利用轿壁与轿底的安装孔安装临时防护护栏,为了施工方便,建议护栏前、后两端为活门设计。

(3)轿架及轿厢安装的精度要求:立柱的垂直度误差,前后方向和左右方向都不大于1.5 mm;上梁的水平度误差,长度方向不大于2 mm,宽度方向不大于1 mm;安全钳的4个楔块与导轨的间隙误差均为0.5 mm;4个导靴应在同一平面内。

2.5.7 缓冲器的安装

（1）将对重轿厢缓冲器用螺栓固定在下部槽钢上，液压缓冲器的安装最终保证缓冲器活塞外缘有行程的上下终点与铅垂线的距离差不大于 0.5 mm。

（2）液压缓冲器的加油至规定油面高度，油的粘度和充油量按缓冲器的说明规定。

2.5.8 对重的安装

（1）在井道顶层，组装好对重架，并在对重架里装上适量对重块，用压紧件固定好。

（2）在机房把钢丝绳由对重中心顺下用绳头组合在对重上安装好，然后串入防转铁丝及销子。

（3）在对重架下部拴好对重防晃绳，在机房挂上手动葫芦，把对重从顶层厅门处拽入井道。注意提升设备必须有足够的承载能力，在对重架进入井道时，厅门外应有人员拽住防晃绳，以免对重进入井道时晃动过大。

（4）由机房把钢丝绳从轿厢中心孔至首层轿厢顶用绳头组合安装于轿架上，串入防转铁丝销子。

（5）由机房放下随行电缆至轿顶控制箱，接好插件。

2.5.9 轿厢在第一段导轨内的测试运行

（1）在机房封好门联急停回路（轿顶急停、机房急停、轿厢防脱急停不封）。

（2）在机房检修点动（速度设为 100 mm/s）轿厢上下测试运行正常，然后在轿顶检修点动轿厢上下运行测试。

2.5.10 在轿顶加装工作平台

（1）在首层安装轿架，利用轿架立柱上门机支架的 4 个安装孔安装两个角铁支臂，支臂长度应等于轿厢深度，在支臂两端安装水平撑臂，并利用门头斜拉筋增强强度，在支撑臂上铺装 250 mm×25 mm 厚的木板并固定好，然后安装防护栏，注意厅门方向防护栏为活动方式。在对重侧安装防护屏网。

（2）利用上导靴的 4 个固定螺栓安装简易固定装置（图 2-84），以便在调整导轨时将轿厢固定于井道壁。同时在运行中，上导靴脱离导轨后也可以防止轿厢大幅度晃动。

（3）在操作平台上面可以安装简易防护天花板，用于坠物防护，工作平台距天花板应该大于 1800 mm，实际高度根据实际情况而定。

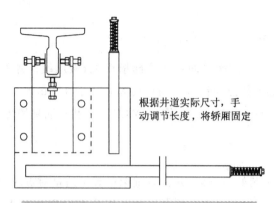

图 2-84 利用导靴螺栓安装简易固定装置

2.5.11 轿厢导轨、对重导轨的安装调整

(1) 使用专用无脚手架安装导轨找正尺,导轨校正如图 2-85 所示。

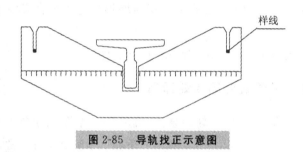

图 2-85 导轨找正示意图

(2) 最底端导轨已经安装校正完毕,轿厢点动上升。轿厢上导靴允许脱离导轨,但下导靴应一直在导轨上运动,将电梯运行至下导靴到达已安装调整完毕导轨的顶端为止。

(3) 将即将安装的导轨初步固定。

(4) 调节校定支撑顶杠,使上导靴与导轨之间的接附力达到最小。

(5) 校正导轨,达到相关标准。

(6) 安装导轨及校正直至顶层。在焊接支架时注意防火及避免伤到钢丝绳(轿厢架上段钢丝绳做好防护,电梯运行时同时注意对重避免晃动)。

(7) 对重导轨随轿厢导轨一起安装校正。

(8) 在轿厢与对重平行时安装对重导靴,随轿厢上行对重在对重导轨中下行,同时拆下对重防晃绳。

2.6 自动扶梯与自动人行道安装施工简述

2.6.1 施工准备

2.6.1.1 技术准备
(1) 熟悉有关扶梯安装质量验收规范。
(2) 熟悉厂家提供的扶梯安装图册及安装说明。
(3) 确定施工方案。
(4) 确定吊装方案:施工现场的情况不一,施工前应首先对现场进行勘察,选择合适的吊装方案,确保设备的完好及施工人员的安全。一般施工时采用半机械化的吊装方案,如果全部采用吊车吊装,虽然方便快捷,但投入较大,而且吊车所需的工作场地大,大部分施工现场难以满足扶梯安装的要求,应根据现场具体情况而定。
(5) 编写施工组织设计:根据安装合同和工地实际情况及产品特点编写施工组织设计,为工程施工提供可靠的指导性作业文件。

2.6.1.2 材料准备
(1) 主材:扶梯设备零部件开箱后,应妥善保管,现场应能提供可封闭的库房,材料堆放应分类整齐码放,并挂好标示牌。
(2) 辅助材料:电焊条、型钢要有合格证及材质证明,不得使用不合格的材料,其他材料也要按照厂家的要求使用,若有厂家指定的材料或配件,必须经过厂家确认。

2.6.1.3 设备准备
扶梯的施工设备要根据进货和现场的具体情况统筹准备,主要施工设备为:卷扬机、吊链、挂钩千金、滑轮、逮子绳(钢丝绳)、U型环、卡环、滚杠、撬棍、水准仪、方块水平、线坠、盒尺、样板支架、电锤、电钻、电气焊及常用工具等。

2.6.1.4 施工条件
(1) 清除现场材料,保证场地清洁。
(2) 现场空洞要有护栏,保证施工人员不能掉下。
(3) 施工现场要有足够照明。
(4) 作为吊装用的锚点应先征得设计、总包单位的同意,并办理签认手续,或在选择图纸上指定的部位。
(5) 扶梯安装处的基础应已通过验收。
(6) 提供施工用 40 kW 动力电源,并保证作业时连续供电。
(7) 现场具备扶梯桁架水平运输的通道。

2.6.2 零部件和材料质量要求

2.6.2.1 零部件的关键要求

1. 零部件要求

扶梯安装的零部件主要是扶梯产品本身,对零部件的控制主要是通过开箱点件这一工序来完成。点件过程中应认真细致,查验配件的包装是否完好,铭牌与扶梯型号是否相符;对缺损件认真登记,并及时请业主、厂家签字确认,施工过程中发现的不合格产品,要及时请厂家确认负责补齐,对安装过程中损坏的配件应按厂家要求购买指定的产品。

2. 辅助材料要求

施工过程中用的主要辅助材料为电焊条、型钢,采购电焊条和型钢时应要求供应商提供产品合格证、材质证明,选用信誉好、质量好的厂家的产品。

2.6.2.2 技术关键要求

施工方案的选定:根据工程特点、产品特性、业主要求确定施工方案,明确质量、安全、工期、环保等目标。

2.6.2.3 质量关键要求

梯级导轨的连接关系到产品最后运行的舒适程度,连接时应严格按照产品的安装图册及安装说明书进行,连接处的连接件不得混用,要根据标示一一对应,确保符合工艺标准及国家标准的要求。

2.6.2.4 职业健康安全关键要求

(1)坑口防护:施工时,坑口部位必须有不低于1.2 m的防护栏杆。

(2)安全网防护:脚手架上作业时,每档需设一道安全网防护。

(3)专用防护用品:电气焊专用防护面罩及专用手套应配齐,作业人员作业时必须配戴。

2.6.2.5 环境关键要求

(1)设备进场:设备进场大部分在夜间,卸车时应遵守当地的夜间噪声管理规定,不扰民。

(2)废渣废料的处理:施工过程产生的废渣废料要按照工地管理规定,存放到指定地点。

2.6.3 施工工艺

2.6.3.1 施工主流程

进场准备→基础放线→水平运输→吊装桁架→安装安全保护装置→安装梯级与梳齿板→安装围板→安装与调整扶手带→安装电气装置→运行试验→标志使用及信号。

2.6.3.2 进场准备

1. 施工流程

准备资料→勘察现场→确定施工方案→测量扶梯开度。

2. 施工工艺

(1) 准备资料:安装人员应在开工前熟悉安装技术资料及相关文件(如土建图、安装说明书、安全操作规程等)。

(2) 勘察现场:

① 土建施工状况:按土建布置图对土建施工进行核查,如果相关的尺寸及施工要求不符合土建布置图的要求,应通知业主责成有关部门及时修正。

② 现场空洞要有护栏,保证施工人员不能掉下。

③ 施工现场要有足够照明。

④ 吊装用的锚点应先征得设计、总包单位的同意,并办理签认手续,或选择图纸上指定的部位。

⑤ 扶梯安装处的基础应通过了验收。

⑥ 供施工用 40 kW 动力电源,并保证作业时连续供电。

⑦ 现场提供材料库房。

(3) 确定施工方案:施工现场的情况不一,施工前应首先对现场进行勘察,选择合适的吊装方案,确保设备的完好及施工人员的安全。一般施工时采用半机械化的吊装方案,如果全部采用吊车吊装,虽然方便快捷,但投入较大,而且吊车所需的工作场地大,大部分施工现场难以满足。

(4) 测量扶梯开度:

① 在两楼板之间测量提升高度,在两水平支柱之间测量水泥坑口长度。

② 桁架支撑。

第一层站的支撑板,至少应在桁架吊装前 7 天安装好,在浇注水泥之前,一定要将支撑板与地板两层对准并使之水平。

3. 质量记录

现场勘测完毕后,将有关数据填写在扶梯安装施工记录的相关记录表中。

2.6.3.3 基础放线

1. 施工流程

确定标高线→制作放线样板→确定基准线。

2. 施工工艺

(1) 确定标高线:根据自动扶梯所安装的具体位置,通常在扶梯不远处都设计有建筑结构立柱以及 50 线(由正负 0 向上返 500 mm 作为基准标高)基准轴线。根据 50 线确定机尾、机头标高线。根据标准轴线确定自动扶梯中心线,中心线确定之后,确定机头、机尾承重钢板的标高。

(2) 制作样板:在上机头前,用 50 mm×100 mm 方木作为放线用的样板,要求木方子四面刨光、平直,然后于上机坑中心位置放一铅垂线于下一层地面,作为测量用。

(3) 用经纬仪在下机坑的自动扶梯中心线上,找出上机坑的中心线,并墨线画出,把一、二层的 50 线引至铅垂线处,找出地平线,并测出精确的提升高度(以最终地面为准),支点间的距离为 $(a+10)$ mm,提升高度为 $(b±5)$ mm。利用上、下机头处 50 线,找出各层地平线,然后下返 250 mm 于搁机牛腿上画出安装承重钢板的基准线。

3. 质量记录

勘测数据填写在扶梯安装施工记录表中。

2.6.3.4 水平运输

1. 施工流程

确定运输路线→确定锚固点→水平运输。

2. 施工工艺

(1) 确定运输路线:扶梯设备一般堆放在施工现场附近的简易库房内,在起吊前应首先运到楼房内。根据现场勘察情况,扶梯在现场的存放地与安装地点的通道畅通,确定运输路线。

(2) 确定锚固点:在安装位置附近,找到一个固定点,可以固定链条葫芦,有足够的强度,能承受水平移动扶梯桁架的拉力,如果没有合适的位置,应在安装位置附近埋设支架,充当锚固点。

(3) 水平运输:采用多个手拉葫芦串联,首尾相接,设备底部设置 100 mm×100 mm×2000 mm 方木(每头 4 根,方木下再设直径 8 mm 的滚筒,缓慢牵引至楼房入口处。室内的水平运输,方法类似,只是锚点可选在承重梁(柱)上,水平运输时也可自行制作滚轮滑车,以提高工作效率)。

3. 质量记录

质量记录填写在扶梯安装施工记录表中。

2.6.3.5 吊装桁架

1. 施工流程

组装桁架→吊装桁架→桁架就位。

2. 施工工艺

(1) 组装桁架:

① 将上、中、下各桁架接合面清扫干净并确认无凹凸现象。

② 下桁架与中桁架的接合:

A. 确认接合部的符号,在下桁架的吊索支架及折点附近的起吊位置处系好钢丝绳并挂在起吊用卷扬机或塔吊的吊钩上。

B. 卷扬机或塔吊向上起吊,直至与中桁架的接合面能完全笔直接合。

C. 在下、中桁架间安装拉链铰节,并使用此拉链铰节使桁架接合面慢慢靠拢。

D. 使用卷扬机及拉链铰节使桁架接合面的紧固螺栓孔位大致对准。

E. 将螺栓插入桁架 4 处的螺孔,应将孔对准后再插入,如果孔位正确,依次安装螺栓,将桁架接合,此处必须使用厂家随设备来的螺栓,不得换小一号的螺栓。

F. 螺栓接近锁完时,在螺栓头部用榔头敲击后再锁紧。

G. 安装接续板的顺序依次如下:先接续块,再接续梁,最后在产品出厂时打的销孔处将弹簧销打入。

③ 中桁架与上桁架的接合:

A. 确认与下桁架接合后的中桁架和上桁架接合部的符号。

B. 在中桁架及上桁架起吊处系好钢丝绳,并挂在卷扬机的吊钩上。

C. 卷扬机向上起吊直至中桁架与上桁架接合面能完全笔直接合。

D. 若仅有上、下桁架时,则可省略中桁架的接合。

④ 起吊后接合。

由于现场的条件不具备全部组装完毕后起吊,此时可依次将上、下桁架起吊到预定位置,在此状态下将上、下桁架接合,并在一体接合完成后将桁架放置在建筑物的支撑部。

(2) 吊装桁架:

① 自制门形吊架吊装:有的施工现场结构复杂,现场规定不许在楼板或墙体上、立柱上打洞安装吊钩,因此只能采用门形吊架。制作门形吊架:一般单部扶梯自重约 6 t,每部设置 4 个吊点,每个吊点承重约 1.5 t,每个吊点采用倒链葫芦或卷扬机滑轮组吊装上位,根据实际经验及单个吊点的受力情况,一般选择 25♯的工字钢作为门形吊架承重梁的选材,门形吊架的立柱采用 150 mm 的钢管,吊钩用直径 25 mm 的钢筋焊接,架体用直径不小于 16 mm 的膨胀螺栓固定于平整地面,辅以 4 根缆风绳稳固架体。

② 吊点设滑轮组。

③ 若设计上提供了锚点位置,或有承重梁且预留了设置吊钩的孔洞,可直接采用倒链葫芦或卷扬机滑轮组吊装。在顶层承重梁两侧预留的两个骑马空洞内,用直径 22 mm 的吊索栓在空洞内,为了防止起吊时磨损吊索,在楼板上面的吊索套内穿入两根 100 mm×100 mm×500 mm 的木方,每部扶梯不少于 4 个吊点,每个吊点选用一台 HS 型 5 t 手拉葫芦。

④ 汽车吊或塔吊吊装。如果施工现场条件具备可采用汽车吊或塔吊吊装,可提高施工速度,吊车的起吊重量不小于 6 t,起吊前应对最大负荷及施加于水泥结构上的作用力进行校核,起吊顺序应按照先下后上的原则进行,起吊时要两台吊车同步进行。

(3) 桁架就位。

① 桁架上、下机头对准。

A. 水泥墙搁机梁牛腿与桁架之间的距离最大为 50 mm。

B. 将扶梯桁架上、下机头放在水泥墙的支撑板上(底板)。

C. 调整桁架之前,在支撑板上放置垫片。

D. 用两只调整螺栓将桁架支撑角钢抬到地板水平,使桁架上、下机头的上部与地板面层水平。

E. 将水平仪放在桁架支撑角钢上,用调整螺栓进行调节,视情况增减垫片,但垫片数量不得超过 5 片,当多于 5 片时可用钢板代替适量的垫片。

F. 上、下机头水平调整好后,移去调整螺栓。

G. 扶梯桁架的校正,先将楼面上扶梯的中心线,如二台扶梯并列,其中心线之间的距离允许偏差+1 mm。

H. 两台扶梯并列,边缘保护凸板要求在一条直线上(用直靠尺测量),不齐度小于 2 mm,而且两头均匀分开。

I. 撤出承重板的圆钢,用机头上的螺栓调节,使扶梯机头框架与地面呈水平,并保证两机头的箱体与承重梁之间的距离一致。

J. 用砂布将上、下机头末端齿轮轴中间段磨光(油漆部分),调整机头螺栓,使其水平度为 0.5/1000。

K. 将机头螺栓与承重板顶死,并锁紧螺母。

L. 当扶梯的中心和水平找准后,用 60 mm×50 mm 的角钢做挡板与承重板焊接。

M. 上机头,用角钢贴紧框架的侧面,上口留有 20 mm 的间隙作为扶梯的伸缩量。角钢与承重板焊接。

N. 下机头,档板的固定方法同上,其下口用厚 15 mm 以上的胶块填上作为缓冲用。

O. 在扶梯中间连接出油盘,按要求插入上油盘的下口,插入距离上、下一致,并用电焊在 200 mm 处焊接一次(断续焊)。

② 安置工作线。

工作线的布置主要用于安装导轨及玻璃板,水平尺寸均以桁架中心线为基准,中心线用两根由螺栓固定并焊接在两极架角钢上的工作线杆设置。

③ 桁架对准。

A. 将两绳支持杆放于两机头支持架上,将支持杆焊接在上下桁架支撑板上。

B. 将准绳放到两支撑架上,放上重物使多接触点的相关钢丝(直径 0.5 mm)有足够的张力。

C. 用水平仪检查主驱动轴的对准,在对准轴时可使用调整螺栓。

D. 根据图纸提供尺寸,梯级滚子导轨及梯级滚子安装尺寸应从准绳向两侧测量,如需要可松开导轨支架螺栓,可用垫片调整导轨,调好导轨后将固定螺栓拧紧。

3. 质量记录。

吊装质量记录在扶梯安装施工记录表中。

2.6.3.6 安装安全保护装置

1. 施工流程

安装断链保护装置→安装扶手带入口保护装置→安装紧急停止装置→安装速度限

制装置→安装梳齿异物保护装置→安装梯级下陷保护装置→断带保护装置→防非操纵逆转保护→附加制动器→裙板保护装置→安装梯级或踏板缺失保护装置→安装扶手带速度偏离保护装置→安装盖板保护装置→多台连续运行中间无出口保护。

2．施工工艺

(1) 安装断链保护装置。

当链条过分伸长、缩短或断裂时,使安全开关动作,从而断电停梯,调整时链条的张紧度要合适,以防保护开关误动作。

(2) 安装扶手带入口保护装置。

在扶手带入口处应设手指和手的保护装置,并应装设一个使自动扶梯或自动人行道自动停止运行的开关,且灵活可靠。

① 扶手带在扶手转向端的入口处最低点与地板之间的距离不应小于 0.1 m,且不大于 0.25 m。

② 扶手转向端的扶手带入口处的手指和手的保护开关应能可靠工作,当手或障碍物进入时,须使自动扶梯自动停止运转。

③ 调节定位螺栓使制动杆的位置及操作压力合适,开关能可靠工作,制动杆与开关之间的距离约为 1 mm。

(3) 安装紧急停止装置。

① 紧急停止装置应能可靠地使自动扶梯或自动人行道停止运行。

② 紧急停止装置应是手动式的,具有清晰的、永久性的转换位置标记,停止装置动作后,扶梯或自动人行道将维持停止状态。

③ 停止装置应能在驱动和转向站中使自动扶梯或自动人行道停止运行。

④ 对于提升高度超过 12 m 的自动扶梯或使用区段长度超过 40 m 的自动人行道,应增设附加紧急停止装置。附加急停装置之间的距离:

A. 自动扶梯不应超过 15 m;

B. 自动人行道不应超过 40 m。

(4) 安装速度限制装置。

自动扶梯或自动人行道应安装速度限制装置,使其在速度超过额定速度 1.2 倍之前自动停止,同时切断自动扶梯或自动人行道的电源(如果交流电动机与梯级、踏板或胶带间的驱动是非摩擦性的连接,并且转差率不超过 10% 的除外)。

对离心式超速控制器,控制器组件上的弹簧加载柱塞因离心力而向外移动,当速度超过整定值时,弹簧加载的柱塞将使装在控制器附近的开关跳闸,在出厂前已经调好开关,安装过程中不得随意调节。

(5) 安装梳齿异物保护装置。

该装置安装在扶梯或自动人行道的两端,扶梯或自动人行道在运行中一旦有异物卡阻梳齿时,梳齿板向上或向下移动,使拉杆向后移动,从而使安全开关动作,达到断电停机的目的,梳齿板保护开关的闭合距离为 2~3.5 mm。

(6) 安装梯级(踏板)下陷保护装置。

该装置在梯级或踏板断裂或梯级滚轮有缺陷时起作用,开关动作点应整定在梯级或踏板下降超过 3~5 mm 时安全装置就能动作,切断电源停梯。且梯级或踏板任何位置下降都能使保护装置动作,并能保证下陷的梯级或踏板不能到达梳齿相交线。

(7) 扶手带断带保护装置。

对公共交通型扶梯,如果制造厂商没有提供扶手带的破断载荷至少为 25 kN 的证明,则应安装能使自动扶梯或自动人行道在扶手带断带时停止运行的装置。

(8) 防非操纵逆转保护装置。

自动扶梯或倾斜式(α≥6°)自动人行道应安装一个装置,使梯级、踏板或胶带在上行时非操作而改变运行方向时,自动停止运行。

(9) 附加制动器。

在下列任何一种情况下,自动扶梯或倾斜式自动人行道应安装一只或多只附加制动器,该制动器直接作用于梯级、踏板或胶带驱动系统的非摩擦元件上(单根链条不能认为是一个非摩擦元件)。

① 工作制动器和梯级、踏板或胶带驱动轮之间不是用轴、齿轮、多排链条、两根或两根以上的单根链条连接的。

② 工作制动器不是机—电式制动器。

③ 提升高度超过 6 m。

④ 附加制动器应为机械式的(利用摩擦原理)。

附加制动器安装在驱动主轴上,在传动链断裂和超速及非操纵改变规定运行方向时动作,使自动扶梯或人行道停止运行。

(10) 安装裙板保护装置。

按设计规定,在围裙板上装设由柔性材料(如毛刷、橡胶型材)组成的围裙板防夹装置。围裙防夹装置到围裙板垂直表面的投影伸出量、其最下端与梯级表面的间距应符合安全规范和设计规定。

也可按设计要求,当一物体夹在梯级与裙板之间时,即能断开电气安全装置,使自动扶梯或自动人行道停止运行。

(11) 安装梯级踏板缺失保护装置。

在驱动站和回转站各安装一个监测装置,以确保缺失的梯级(踏板)应能监测出来,并在缺失的梯级(踏板)到达梳齿位置之前,使自动扶梯或自动人行道停止运行。

(12) 安装扶手带速度偏离保护装置。

按设计规定,安装扶手带速度监控装置,当自动扶梯或自动人行道扶手带速度低于梯级(踏板)实际运行速度超过 15%、时间持续超过 15 秒时,使自动扶梯或自动人行道停止运行。

(13) 安装盖板保护装置。

按设计规定,安装一个检修盖板和上下盖板监控装置。当打开桁架区域的检修盖板或移去、打开上下盖板时,驱动主机不能启动或在重启程序之前立即停止。

(14) 安装无中间出口多台连续运行停止保护装置。

按设计规定,对无中间出口或中间出口被建筑(如活门、防火门)阻挡的连续安装的多台自动扶梯或自动人行道,安装一个保护装置,当其中的任意一台停止运行时,其他各台都能同时停止。

3. 质量记录

安全保护装置安装质量记录在扶梯安装施工记录表中。

2.6.3.7 安装梯级与梳齿板

1. 施工流程

安装梯级链→安装梯级→安装梳齿板。

2. 施工工艺

(1) 安装梯级链及梯级导轨。

① 扶梯轨道安装是整机系统的关键项目,决定了扶梯运行的舒适感,必须对轨道的中心距离、道节的处理要特别仔细认真,一定要达到规范要求。轨道的连接应控制好以下工作步骤:

A. 分装扶梯框架对接之后,还要进行轨道和链条连接,这部分工作可在吊装就位之后进行。

B. 轨道和链条厂家在厂区已经安装完毕,只有分节处需要进行拼接,所以安装好的部位不得乱动,需要现场拼接的部位,应使用该部位的连接件,不得换用他处的连接件,以保证达到出厂前厂家调准的状态。

C. 需要现场连接的轨道有专用件和垫片,把专用件螺栓穿入相应空洞(长眼),轻轻敲动专用件使其与两节轨道贴严,如不平可用垫片进行调整直至缝隙严密无台阶,将螺栓拧紧。

D. 对油石把接头处进一步处理,完整合一为止。

E. 用板尺进行复查其平整度,不合格应反复调整垫片或打平。

② 将梯级链在下层站组装在一起,移去桁架上的基准线,连接两相邻链节时应在外侧链节上进行。应控制好以下工作步骤:

A. 梯级链分段运到现场,应在现场连在一起。

B. 连接时在下层站进行。

(2) 安装梯级。

① 应先预装每台扶梯的主梯级,以便使梳齿片与梯级之间的间隙正确。

② 从下层站开始,安装梯级总数的45%,在下层站根据现时的梳齿片对梯级进行调节。将梯级放到梯级链的轴上,将弹簧压销与轴颈上的孔对中,直到听到"咔塔"一声。

③ 梯级通过梳齿片时应居中,且二者间隙符合要求,使梯级通过时无卡阻现象。

④ 梯级踏面:踏板表面应具有槽深大于 10 mm、槽宽为 5～7 mm、齿顶宽为 2.5～5 mm 的等节距的齿形,且齿条方向与运行方向一致。

(3) 安装梳齿板。

为确保乘客上下扶梯的安全,必须在自动扶梯的进出口处设置梳齿板。

① 前沿板:前沿板是地平面的延伸,高低不能发生差异,它与梯级踏板上表面的高度差应不大于 80 mm。

② 梳齿板:一边支撑前沿板上,另一边作为梳齿的固定面,其水平角大于 40°,梳齿板的结构为可调式,以保证梳齿与踏板齿槽的啮合深度大于 6 mm,与胶带齿槽的捏合深度大于 4 mm。

③ 梳齿:齿的宽度小于 2.5 mm,端部为圆角,水平倾角大于 40°。

④ 自动人行道的胶带应具有沿运行方向且与梳齿板的梳齿相啮合的齿槽。

⑤ 胶带齿槽的宽度不应小于 4.5 mm 且不大于 7 mm,齿槽深度不应小于 5 mm,齿的宽度不应小于 4.5 mm 且不大于 8 mm。

(4) 胶带应能在边缘地自动张紧,不允许用拉伸弹簧作张紧装置。

(5) 自动扶梯、自动人行道的踏板或自动人行道的胶带上空,垂直净高度不小于 2.3 m。

(6) 梯级间或踏板间的间隙。

在工作区段的任何位置,从踏面测得的两个相邻梯级或两个踏板之间的间隙不应超过 6 mm。

(7) 梯级、踏板或胶带与围裙板之间的间隙:

① 自动扶梯或自动人行道的围裙板设置在梯级、踏板或胶带的两侧,任何一侧的水平间隙不应大于 4 mm,在两侧对称位置处测得的间隙总和不应大于 7 mm。

② 如果自动人行道的围裙板设置在踏板或胶带之上时,则表面与围裙板下端间所测得的垂直间隙不应超过 4 mm。踏胶带的横向摆动不允许踏板或胶带的侧边与围裙板垂直投影间隙。

(8) 梳齿板梳齿与胶带齿槽、踏板齿槽的间隙不应超过 1 mm。

3. 质量记录

安装质量记录在扶梯安装施工记录表中。

2.6.3.8 安装围板

自动扶梯或自动人行道除乘客可踏上的梯级、踏板或胶带以及可接触的扶手带部分外,所有机械运动部分均应完全封闭在围板或墙内。

1. 施工流程

安装围裙板→安装内外盖板→安装玻璃护壁板→安装金属护壁板→安装扶手护壁型材。

2. 施工工艺

(1) 安装围裙板。

与梯级、踏板或胶带两侧相邻的围板部分：

① 围裙板应垂直，围裙板上缘与梯级、踏板或胶带踏面之间的垂直距离不应小于25 mm。

② 围裙板应坚固、平滑，且是对接缝的。长距离的自动人行道跨越建筑伸缩缝部位的围裙板的接缝可采用特殊方法替代对接缝。

③ 安装底部护板应按照先上后下的搭接顺序进行，以免机内油污渗漏到底部护板下面，污染室内物件。

(2) 安装内、外盖板。

① 内盖板：连接围裙板和护壁的盖板，它和护壁板与水平面的倾斜角不应小于25°。

② 外盖板：位于扶手带下方的外装饰板的盖板。

(3) 安装护壁玻璃板。

由下而上的顺序安装：

① 下部曲线段玻璃板安装：将玻璃夹衬放入玻璃夹紧型材靠近夹紧座的地方，用玻璃吸盘将玻璃板慢慢插入预先放好的夹衬中，调整玻璃板的位置，调好后紧固夹紧座。

② 下部端头玻璃板的安装：在玻璃夹紧型材中放入夹衬，在与上一块玻璃板接合处放置2个U型橡胶衬垫，将玻璃板放入夹衬中，正确调整玻璃板接缝间隙，使间隙上下一致，且间隙一般调整为2 mm，调好后紧固夹紧座。

③ 其他玻璃板的安装：安装方法与上面相同，安装时，在玻璃夹紧型材中均匀地放置玻璃夹衬，然后将玻璃板放置其中，注意保持两相邻玻璃板的间隙一致，玻璃板应竖直，并与夹紧型材垂直。确认位置正确后，用力矩扳手拧紧夹紧座上的螺栓，注意用力不能过猛以免损坏玻璃（夹紧力矩一般为35 Nm）。

④ 玻璃的厚度不应小于6 mm，该玻璃应当是足够强度和刚度的钢化玻璃。

(4) 安装金属护壁板。

① 朝向梯级踏板和胶带一侧的扶手装置部分应是光滑的。压条或镶条的装设方向与运行方向不一致时，其凹凸高度不应超过3 mm，且应坚固和具有圆角或倒角的边缘。此类压条或镶条不允许装设在围裙板上。

② 沿运行方向的盖板连接处（特别是围裙板与护壁板之间的连接处）的结构应使勾绊的危险降至极小。

③ 护壁板之间的空隙不应大于4 mm，其边缘应呈圆角和倒角状。

(5) 安装扶手护壁型材。

① 预先在护壁玻璃板的端面粘贴衬垫护壁型材的U型橡胶带。

② 将各段型材安装在护壁玻璃板上，安装顺序为：下部端头型材、下部型材、下部曲线段型材、中间段型材、上部端头型材、上部型材、上部曲线段型材、补偿段型材。

③ 用型材连接件平整地对接相邻的型材。

2.6.3.9 安装与调整扶手带

1. 施工流程

安装导轨型材→安装导滚→安装扶手带→调整扶手带。

2. 施工工艺

(1) 安装扶手带导轨型材。

① 安装上部和下部回转链,保证回转链不扭曲,滚轮应能灵活转动。

② 将下列各段导轨型材依次安装在护壁型材上:

下部曲线段型材、下部扶手带导轨型材、中间段导轨型材、上部导轨型材、上部曲线段型材、上部扶手带水平段导轨型材、补偿段型材。

③ 用压板螺栓固定导轨型材。

(2) 安装导滚。

① 校核每个扶手导滚与桁架中心线(主要准线)的距离,使其符合图纸要求的尺寸。

② 扶手导滚位置应成一直线,以免损坏扶手。

(3) 安装扶手带。

① 展开扶手带并将扶手带放到梯级上。

② 用专用工具将扶手带安装在驱动段护壁的端部,确保扶手带不滑脱。

③ 将返程区域内的扶手带放置到位,防止扶手带从支撑轮、导向轮等部件上滑脱。

④ 将扶手带安装在张紧段护壁的端部。

⑤ 自上而下地将扶手带安装在扶手带导轨型材上。

⑥ 通过压带弹簧上的螺栓调整弹簧张紧度,调整并张紧压带。

⑦ 通过张紧轮组件上的调节弹簧对扶手带进行初步张紧。

⑧ 测试运行扶手带:沿上行和下行方向多次运行扶手带,注意观察其运行轨迹和松紧度,并通过相应的部件进行调整,使其经过摩擦轮时应尽可能地对中;扶手带的运行中心与扶手带导轨型材的中心应对齐;用小于 70 kg 的力人为地拉住下行中的扶手带时,扶手带应照常运行;当改变运行方向后,扶手带几乎不跑偏。

⑨ 扶手带与护壁边缘之间的距离不应超过 50 mm。

⑩ 扶手带距梯级前缘或踏板面或胶带面之间的垂直距离不应小于 0.9 m,且不大于 1.1 m。

(4) 调整扶手带。

① 扶手所需的曳引力是通过张紧轮取得的,调节下弯曲处扶手张力支架以使扶手张力正确。

② 调整支架的高度即可放松张力,张力装置用定位螺钉来回调节,张力装置与主驱动链轮及导滚应在一直线上。

③ 调节扶手驱动力:在上层站用 15~20 kg 的力拉住扶手,如扶手不停住,用 25~

30 kg的力重复试验,最终扶手对扶手驱动力产生摩擦,扶手不再转动;如用力 25～30 kg 使扶手仍不停住,则调节扶手驱动系统使张力正确。

3. 质量记录

安装质量记录在扶梯安装施工记录表中。

2.6.3.10 安装与调整电气装置

1. 施工流程

安装控制器→检查驱动机→控制线路连接→安装操作盘。

2. 施工工艺

(1) 控制器。

① 控制器安装在上层站的上端。

② 观察每一组继电器及接触器的接线头,有松动的端子应拧紧接线端子的螺丝,确保接线牢固。

③ 从控制箱到驱动机的动力连线,要通过线管或蛇皮管加以保护。

④ 在靠近控制箱的地方安装断路器开关。

⑤ 机械零件未完全安装完毕前,控制箱不得与主动力电源线相连。

⑥ 检查工作线路保险丝和断路器,额定等级一定要正确。

⑦ 将所有接触器、断路器的灰尘用吹尘器清理干净。

(2) 检查驱动机。

① 检查所有固定螺栓及螺母是否都已拧紧,没有破损或丢失垫圈。

② 检查轴承需润滑部位的油脂,若需要,应按照产品说明书的要求重新加注。

③ 清理驱动机,使之干净。

(3) 控制线路连接。

① 按照电气接线图的标号认真连接,线号与图纸要一致,不得随意变更。

② 电气设备的外壳均需接地。

③ 电气连接有特殊要求的,应按照厂家的要求正确连接。

④ 动力和电气安全装置电路的绝缘电阻值不小于 500 kΩ;其他电路(控制、照明、信号)的绝缘电阻值小于 250 kΩ。

⑤ 扶梯或人行道电源应为专用电源,由建筑物配电室送到扶梯总开关。

⑥ 电气照明、插座应与扶梯或人行道的主电路(包括控制电路的电源)分开。

⑦ 安装灯管接线时,必须牢固、可靠、安全。

⑧ 安装内盖板时,应将扶梯上下两个操作控制盘安装在端部的内盖板上。

⑨ 将各安全触点开关和监控装置的位置调整到位,并检查其是否正常工作。

⑩ 校核电气线路的接线,确保正确无误。

(4) 操作盘。

① 钥匙操作的控制开关安装在扶梯的出入口附近。

② 该开关启动自动扶梯或人行道使其上行或下行。
③ 启动钥匙开关移去后,方向继电器接点能保持其运行方向。

3．质量记录

安装检测记录在扶梯安装施工记录表中。

2.6.3.11 运行试验

1．试验流程

试前准备→电气复查→正常运行测试→机械部件润滑。

2．试验工艺

(1) 试前准备。

① 若扶梯上有人,不得开通扶梯或人行道。
② 试车前,拆除三级连续的梯级。
③ 在拆除地面盖板或梯级前,要做好现场的保护工作。
④ 在部分梯级拆去后,只能用检修控制系统进行检修工作。
⑤ 梯级完全停止后,才能用钥匙开关和检修按钮改变运行方向。
⑥ 用专用钩插入孔内并提起地面盖板。
⑦ 清除落在梯级或卡在凹槽里的杂物。
⑧ 擦净扶手以防其污染机械传动部件。

(2) 电气复检。

① 检查由动力部门提供的电力供应(相位、零线、接地线)。
② 检查电源的连接是否按接线图连接。
③ 接通熔断器。
④ 接通电动机及控制电源的主开关。
⑤ 将两个检修开关盒之一与控制屏连接,用检修上行或下行按钮点动,检查扶梯或人行道运行的方向是否正确,必要时可改变电动机的两相接头进行修正。

(3) 正常运行测试。

① 断开检修开关盒与控制屏的连接。
② 用操作控制盒上的钥匙开关启动扶梯或人行道。
③ 按所需运行的方向旋转钥匙。
④ 启动后,旋转钥匙至零位,拔出。
⑤ 自动启动运行时,按制造商说明书规定进行。

(4) 关闭扶梯或人行道测试。

① 正常停车(软停车):按与运行方向相反的方向旋转钥匙开关中的钥匙可实现停车。
② 紧急停车:按操作控制盘上的急停开关会导致紧急停车;当安全触点被激活时也会导致紧急停车。

(5) 机械部件的检查和润滑。

① 在扶梯或人行道下底坑处检查梯级轮,必要时给予润滑。

② 梳齿板受到 100 kg 的水平力或 60 kg 的垂直力时,梳齿板安全开关应能动作。

③ 检查梯级和梳齿的啮合中心是否吻合,梯级通过防偏导向块时不能有明显的冲撞。

④ 围裙板与梯级的单侧水平间隙为 2～4 mm,两侧间隙之和为 7 mm。

⑤ 检查扶手入口橡胶套的两边应大致相等,扶手带不应擦着橡胶套。

⑥ 清理掉扶手带表面的灰尘,先用抹布沾一些清洁剂(禁止使用汽油、柴油及有机溶剂)用力擦扶手带表面,再用干布擦一遍,然后至少放置 10 分钟。禁止用滑石粉处理扶手内侧。

⑦ 润滑梯级链时,应把润滑油滴在脱节之间。

⑧ 检查梯级链的张紧且跟梯级链条的张紧必须均匀。

⑨ 梯级滑动导靴不应摩擦围裙板。

⑧ 梯级导轨必须给予彻底清洁,清洁工作是在梯级的开口处完成的。

3. 质量记录

试运行质量记录在扶梯安装施工记录表中。

2.6.3.12 标志使用须知及信号

(1) 标牌、标志及使用须知:

所有标志、说明和使用须知的牌子应由耐用的材料制成,放在醒目的位置,并且书写文字,字体应清晰工整,也可使用象形图。

(2) 在自动扶梯或自动人行道入口处应设置使用须知的标牌,标牌须包括以下内容:

① 必须拉住小孩;

② 宠物必须被抱着;

③ 站立时面朝运行方向,脚须离开梯级边缘;

④ 握住扶手带。

使用须知的标牌的最小尺寸为 80 mm×80 mm。

(3) 紧急停止装置应涂成红色,并在此装置上或紧靠着它的地方标上"停止"字样。

(4) 在维护、修理、检查或类似的工作期间,自动扶梯或自动人行道的出入口处应用适当的装置拦住乘客登梯,其上应写明:"不准靠近"或用道路交通标志"禁止通行",而且应放在附近。

(5) 手动盘车装置的使用须知。

如果备有手动盘车装置,那么在其附近应备有使用说明,并且应明确地标明自动扶梯或自动人行道的运行方向。

(6) 自动扶梯或自动人行道自动启动的特殊使用须知。

若为自动启动式自动扶梯或自动人行道,则应配备一个清晰可见的信号系统。例如,道路交通信号,以便向乘客指明自动扶梯或自动人行道是否可供使用及其运行方向。

2.7 电梯安装工程常见问题

2.7.1 机房及井道

2.7.1.1 机房土建工程缺陷

(1) 现象:① 机房门向内开启。② 机房内无消防设施。③ 夏天室内温度过高。④ 机房通井道的孔洞没有砌高 50 mm 的台阶。⑤ 机房内布置与电梯无关的上下水、采暖、蒸汽管道。

(2) ① 原因分析:设计单位没有按《电梯制造与安装安全规范》(GB 7588—2003)设计。② 土建施工单位未按设计施工。③ 建设单位的要求擅自改变设计和机房使用功能。④ 没有及时配备消防设施。

(3) 防治措施:① 机房门必须改向外开启,机房增加通风散热措施,拆除机房与电梯无关的管道,并配备消防设施。② 按机房内最终地坪高度,在与井道连通的孔洞四周砌高 50 mm 以上的台阶。③ 安装单位进场前,要按规范进行验收,不符合规范的,整改好后开工。

2.7.1.2 井道土建工程缺陷

(1) 现象:① 井道平面尺寸偏小。② 垂直度偏差过大。③ 预留孔洞或预埋件相对尺寸偏差过大。④ 各层中心偏差大。⑤ 电梯层门安装困难。

(2) 原因分析:① 土建单位未按图施工或施工质量差。② 建设单位更换电梯品种或型号。

(3) 防治措施:① 尽早了解土建结构,对尺寸不符合安装要求的地方,及时提出,以便修正;不宜修正的方面,要与建设单位、土建单位和设计单位协商,采取相应的补救措施。② 签订合同时,要仔细核对电梯型号、电梯厂提供的土建图与土建施工图。尽量能在土建施工前与建设单位交底,井道的平面尺寸与图纸对照只能偏大,严禁偏小。

2.7.2 井道的测量与放线

2.7.2.1 电梯井道铅垂线偏移

(1) 现象:① 电梯井道铅垂线在安装过程中发生偏移。② 施工中铅垂线晃动严重,影响正常施工。

(2) 原因分析:样板架变形,样板架未固定好或底坑样板架移位,铅垂过轻,并未做阻尼处理。

(3) 防治措施:① 制作样板架要选用韧性强、不易变形、并经烘干处理的木材,木料要保证宽度和厚度,并应四面刨平互成直角。提升高度超过 60 m 时,应用型钢制作样板架。② 样板架变形或移位应重新测量、固定样板架。③ 铅垂一般应 5 kg 重,当提升高度较高时,应用大于 5 kg 的铅垂,铅垂线可使用 0.5～1 mm 的低碳钢丝。④ 样板架上需要垂线的各处,用薄锯锯一条斜口以固定铅垂线。底坑样板架待垂线稳定后,确定其正确位置,用 U 型钉固定铅垂线,并刻以标记,准备铅垂线碰断时重新垂线用。

2.7.2.2 安装标准线误差过大

(1) 现象:由于安装标准线存在误差,牛腿和墙面修凿工作量增加。两部以上电梯并列安装时,各电梯不协调。

(2) 原因分析:① 样板架固定前没有根据各层井道平面尺寸、预留孔或预埋件位置进行测量,各层门地坎位置与牛腿本身宽度的误差没有全部考虑。② 两部和多部并列的电梯未作为整体来确定其安装位置。

(3) 防治措施:① 由于土建井道施工一般垂直误差较大,安装前应在最高层层门口作基准线,进行测量,并根据测量数据,考虑层门及指示灯、按钮盒的安装位置,照顾多数层门地坎位置和牛腿宽度误差,通盘考虑。② 除考虑井道内安装位置外,要同时考虑各部电梯层门及门套与建筑物的配合协调,逐步调整样板架放线点,确定电梯安装标准线。

2.7.3 机房设备安装

2.7.3.1 曳引机、导向轮的固定不可靠、不紧密

(1) 现象:① 承重梁螺栓孔用气割开孔或电焊冲孔,开孔过大,损伤工字钢立筋。② 承重梁斜翼缘上使用平垫圈固定,螺栓与工字钢接触不紧密;当曳引机弹性固定时,两端无压板、挡板。

(2) 原因分析:① 不了解施工方法和作业要求。② 工作责任心差。③ 固定承重梁时测量不正确,造成承重梁偏移。④ 开孔后修正时损伤立筋,或开孔过大。

(3) 防治措施:① 加强对标准、规范的学习,不断提高操作人员的责任性和操作水平。② 承重梁位置应根据井道平面布置标准线来确定,以轿厢中心到对重中心的连接线和机器底盘螺栓孔位置来确定,保证在电梯运行时曳引绳不碰承重梁,安装时不损伤承重梁。③ 当曳引机直接固定在承重梁上时,必须实测螺栓孔,用电钻打眼。对螺栓孔过大的,必须进行加固,对重损伤工字钢立筋应更换承重梁。④ 用与承重梁斜翼缘斜度一致的斜方垫圈固定曳引机,使螺栓与承重梁紧密接触。⑤ 弹性固定的曳引机,在曳引机的顶端用挡板固定,在后端用压板固定,防止曳引机位移。

2.7.3.2 曳引轮、导向轮垂直度、平行度超差

(1) 现象:曳引轮、导向轮(复绕轮)垂直度超差,两轮端面平行度超差,使曳引绳与曳引轮、导向轮(复绕轮)产生不均匀侧向磨损,引起曳引绳的振动,影响电梯的乘坐舒适感。

(2) 原因分析:① 曳引轮、导向轮安装时没有按要求反复测量、调整。② 只注意空载时的垂直度,满载后垂直度超差。③ 只注意两轮的垂直度,而没有注意两轮间的平行度。

(3)防治措施：① 根据曳引绳绕绳型式的不同，先调整好曳引机的位置，注意应按轿厢中心铅垂线与曳引轮的节圆直径铅垂线，调整曳引机的安装位置。② 曳引机底座与基础座中间用垫片调整，使曳引轮的空载垂直度偏差在 2 mm 以内，并有意向满载时曳引轮偏侧的反方向调整，使轿厢在满载时曳引轮的垂直度偏差在 2 mm 以内。③ 调整导向轮，使曳引轮与导向轮的不平行度不超过 1 mm(在空载时)。

2.7.3.3　制动器调整不合格

(1)现象：① 制动器抱闸闸瓦不能紧密地合于制动轮工作表面上。② 松闸时不能同步离开，其四周间隙不平均，而且大于 0.7 mm。

(2)原因分析：出厂时抱闸制动瓦没有修正，闸瓦不能紧密地合于制动轮工作表面上，制动器没有调整好。

(3)防治措施：① 安装前应拆卸电磁铁的铁芯，检查电磁铁在铜套中能否灵活运动，可用少量细石墨粉作为铁芯与铜套的润滑剂，调整电磁铁，使其能迅速吸合，并不发生撞芯现象，一般应保持 0.6~1 mm 的间隙。② 修正瓦片闸带，使之能紧贴制动轮，调整手动松闸装置。③ 调整松闸量限位螺钉，使制动带与制动轮工作表面间隙小于 0.7 mm，调整时可一边调整后再调另一边；调整制动瓦定位螺钉，使制动瓦上下间隙一致。④ 调紧制动弹簧，使之达到：在电梯做静载试验时，压紧力应足以克服电梯的差重；在做超载运行时，压紧力能使电梯可靠制动。

2.7.3.4　曳引钢绳头制作缺陷

(1)现象：① 钢绳与锥套歪斜，钢绳松散。② 曳引钢绳绳头"巴氏合金"浇注不密实，没有一次与锥套浇平或锥套小端孔口处无少量合金溢出。

(2)原因分析：① 浇注时锥套没有垂直固定好，钢绳捆扎方法不对，扎紧长度不足。② "巴氏合金"加热温度不够高，锥套没有预热或预热温度不够，合金未渗至孔底。

(3)防治措施：① 清洗锥套内部油质杂物及应弯折的钢丝绳头，用 0.5~1 mm 的铅丝将钢绳松散根部扎紧。② "巴氏合金"加热融化后应除去渣滓，温度应在 270~300 ℃ 之间，浇注时将锥套大端朝上垂直固定，并在小端出口处绕上布条或面纱，把锥套预热到 40~50 ℃，然后将溶液一次性注入锥套。浇注前应将钢绳与锥套调正成一直线，浇注要饱满，表面平整一致，并留出一至半个绳股，以便能观察绳股的弯折。

2.7.3.5　曳引绳安装缺陷

(1)现象：① 钢丝绳没有擦洗干净，曳引绳头固定前没有充分松扭。② 曳引绳头装置紧固后，销钉穿好没有劈开或未穿销钉。③ 各绳张紧力不均匀，其相互偏差大于 5%。

(2)原因分析：① 没有将曳引绳放开拉直检查。② 放绳场所不清洁。③ 没有用柴油或汽油擦洗钢丝绳。④ 测量张力的方法不正确。

(3)防治措施：① 截绳前，应选择宽敞、清洁的地方，把成卷的曳引绳放开拉直，用柴油将绳擦洗干净，并消除打结扭曲、松股现象。② 曳引绳头装置紧固后，立即穿好销钉并将其劈开。③ 根据电梯曳引钢丝绳的长短，用 100~300 N 的弹簧测力计，在轿厢停在井道 2/3 高度处,测量对重侧每根钢丝绳沿水平方向,以同样的拉开距离时的张力值,并对曳引绳头装置进行调整。调整后需将电梯运行一段时间后再次测量、调整,使张力值满足下式要求:

$$\frac{F_{\max}-F_{\min}}{F_{\text{avg}}}\leqslant 0.05$$

式中:$F_{\max}$——张力最大值;$F_{\min}$——张力最小值;F_{avg}——张力平均值。

2.7.4 轿厢、层门组装

2.7.4.1 层门地坎与轿厢配合尺寸超标

(1) 现象:① 轿厢地坎与各层门地坎间距不一致、不平行,偏差超标。② 开门刀与各层门地坎、门顶滚轮与轿厢地坎间隙大于 10 mm 或小于 5 mm。

(2) 原因分析:层门地坎安装时放线不准,两线不平行或层门地坎与轿厢间距离算错,层门地坎安装产生误差。

(3) 防治措施:① 凿去高出地坎边沿垂直平面的部分。② 层门地坎安装前,应根据精校后的轿厢导轨位置的样板架,悬挂放下的标准线确定层门地坎的精确位置。③ 安装时注意标准线不能走动。

2.7.4.2 层门地坎安装不符合标准

(1) 现象:① 层门地坎水平偏差大于 2/1000,地坎没有高出最终地坪面,且无过渡斜坡,地坎晃动,不稳固。② 同一楼面的电梯层门地坎不在同一标准平面内。

(2) 原因分析:① 层门地坎的安装高度没有按最终地坪(如地毯面等)计算。② 层门地坎下没有用混凝土浇实或未保养好,就安装门框等,造成地坎移位。

(3) 防治措施:① 依据土建提供的地坪标准线,并考虑地面的最终装饰面(包括地毯),确定地坎上平面的标高。② 地坎下面的地脚铁上好后,用 C20 以上细石混凝土或同等强度的砂浆浇埋地坎,按标准线及水平标高的位置进行校正稳固,并应注意地坎本身的水平度。地坎浇埋稳固后,要保养 2~3 天方可安装门框等部件。③ 地坎高出地面 2~5 mm,并应做 1/110~1/50 的过渡斜坡。装饰地面(包括地毯)可不做过渡斜坡。

2.7.4.3 层门地坎牛腿外边凸

(1) 现象:地坎边沿的垂直平面、牛腿边及混凝土外凸。

(2) 原因分析:没有按地坎安装标准线测量牛腿尺寸,地坎安装前未作处理。

(3) 防治措施:牛腿高出地坎边沿的垂直平面位置,应在地坎安装前按标准测量确定后,将高出部位凿去,等地坎安装好后用砂浆找平。

2.7.4.4 层门门套与门不垂直,开启不平稳,层门有划伤

(1) 现象:① 门与门套不垂直、不平行。② 开门不稳,有跳动现象。③ 门中与地坎中未对齐。④ 门与门套间隙过大或过小。⑤ 层门外观有划伤、撞伤。

(2) 原因分析:① 门套安装不垂直。② 层门安装后没有调整好。③ 层门导轨、地坎

导槽不清洁。④ 层门安装和调整中没有注意保护层门外观。

(3) 防治措施:① 门套安装前检查门套是否变形,并进行必要的调整。② 门套与地坎联结后用方木将门套加固,并测量门套垂直度,要求不大于 1/1000,横梁的水平度不大于 1/1000。③ 浇灌水泥砂浆时,采用分段浇灌法,以防止门套变形。④ 在吊挂层门门扇前,先检查门滑轮的转动是否灵活,并应注入润滑脂,清洁层门导轨和地坎导槽。⑤ 用等高块垫在层门扇和地坎之间,以保证门扇与地坎面间隙。通过调整门滑轮座与门扇连接垫片来调整门与地坎、门套的间隙。⑥ 层门中与地坎对齐后固定钢丝或杠杆撑杆。注意旁开式门各铰接点间的撑杆长度相等,各固定门的铰链位于一条水平直线上。钢丝绳传动的层门钢丝绳须张紧。⑦ 注意保护层门外观,外贴的保护膜在交工前再清除。

2.7.4.5 轿厢组装结合处不平整,厢板划伤严重

(1) 现象:轿厢板结合处不平整,高低明显,缝隙过大,厢板有严重划伤、撞伤。

(2) 原因分析:安装顺序不对,轿壁板装好后没有采取保护措施,在临时运输或调试时损伤壁板。

(3) 防治措施:① 按正确的方法安装壁板:先将组装好的轿顶临时固定在上梁下面(如未拼装的轿顶可待轿壁装好后安装);装配轿壁,一般按后壁、侧壁、前壁的顺序与轿顶、轿底固定,通风垫与镶条以及门灯、风管等应同时一起装配;轿门处前壁和操纵壁垂直度不应大于 1/1 000,轿壁拼装时要注意上下间隙一致,接口平整。② 壁板装好后,在正式交付前要用木板或纸箱板保护壁板。

2.7.4.6 轿顶返绳轮垂直度超差,缺安全防护装置

(1) 现象:① 返绳轮垂直度超过 1 mm,与上梁两侧间隙不一致。② 返绳轮没有安装保护罩和挡绳装置。

(2) 原因分析:① 返绳轮安装后没有调整。② 安装钢绳后没有及时装保护罩和挡绳装置。

(3) 防治措施:① 轿厢安装后要对返绳轮的垂直度进行测量、调整,并应检查上梁与立柱的联结处是否紧密,有无变形。② 钢绳安装后立即安装保护罩和挡绳装置。

2.7.5 底坑设施安装

2.7.5.1 底坑积水

(1) 现象:① 底坑或墙体渗水。② 底坑积水无法清除。

(2) 原因分析:① 土建防水层没有做好,或安装打孔破坏防水层。② 底坑无积水井,积水清除困难。

(3) 防治措施:① 安装前应严格验收,保证底坑不漏水或渗水,有条件时增加排水装置。② 在安装导轨支架、缓冲器、栅栏时应注意保护防水层,一旦防水层破坏,应及时修补。

2.7.5.2 缓冲器安装不牢固,安装精度超标

(1) 现象:① 缓冲器底座与基础接触面不平整,接触不严实,所垫垫片过小,紧固无

弹簧垫。② 缓冲器不垂直,两缓冲器不能同时接触。③ 液压缓冲器工作不正常,放油孔有漏油现象。

(2) 原因分析:① 不严格按标准规定施工。② 不熟悉电梯说明书要求。③ 当液压缓冲器油路不畅通或锈蚀时没有清洗。

(3) 防治措施:① 基础应处理,根据规程要求和缓冲器型式确定安装高度,用垫片来保证两缓冲器顶面在同一高度,缓冲器底座垫片应大于底座接触面的1/2。② 液压缓冲器应测量垂直度,偏差不大于0.5%。③ 认真阅读理解安装说明书,并检查有无锈蚀和油路畅通情况,必须进行清洗,清洗后更换垫片,并按说明书要求注足指定牌号的油。

2.7.6 导轨组装

2.7.6.1 导轨支架安装不牢固、不水平

(1) 现象:① 导轨支架松动,焊接支架间断焊、单面焊。② 支架不水平,外端下垂,膨胀螺栓伸出墙面过长,砖墙用膨胀螺栓固定支架。

(2) 原因分析:支架地脚螺栓或支架埋深不足120 mm,膨胀螺栓的钻孔太大,混凝土强度低,灌注时墙洞未冲净湿透,导轨支架临时固定后未测量水平度或支架固定水泥砂浆未完全凝固就作支撑,安装其他支架。

(3) 防治措施:① 埋入式:支架埋入孔洞深度大于或等于160 mm;支架开脚后,应用水将墙洞冲净湿透,用设计规定的混凝土固定,并用水平尺校正上平面;先安装上、下两个支架,待混凝土完全凝固后,把标准线捆扎在上、下两支架上,然后按标准线逐个安装。② 焊接式:所有焊缝应连续,并应双面焊,焊接时应防止预埋铁板过热变形;支架点焊在预埋铁板上后,应检查水平度,达到标准后再焊接。

2.7.6.2 导轨垂直度超差

(1) 现象:① 电梯晃动、抖动,导靴磨耗过快。② 导轨局部明显弯曲。

(2) 原因分析:① 导轨安装时垂直度超差,导轨顶面间隙过小,导轨连接方法不对,导轨弯曲。② 安装前有没有调整。③ 导轨用螺栓直接固定或焊接固定,导轨膨胀冷缩时,使导轨弯曲。

(3) 防治措施:① 导轨安装前先检查,对弯曲的导轨要先调直。② 用专用校轨卡板精调时,逐个拧紧压板螺栓和导轨连接板螺栓。③ 用螺栓直接固定或焊接固定的导轨,应改用压板固定。

2.7.6.3 导轨接头处组装缝隙大,台阶修光长度不够

(1) 现象:电梯接头处晃动,导靴磨耗快。

(2) 原因分析:导轨工作面接头处有连续缝隙,或局部缝隙大于0.5 mm,导轨接头处有台阶,且大于0.05 mm,台阶处修光长度短。

(3) 防治措施:① 在地面预组装,先采用装配法,后用锉刀修正接头缝隙处,预组装后将导轨编号安装。② 导轨校正后进行修光,修磨接头处,用直线度为0.01/300的平直

尺测量,台阶应不大于0.05 mm,修光长度在150 mm以上。

2.7.6.4 导轨下端悬空

(1) 现象:电梯运行后或安全钳动作后,导轨走动。

(2) 原因分析:导轨下端底坑,导轨下无导轨座。

(2) 防治措施:在安装底坑第一根导轨时,先放入导轨座,导轨座应支承在地面,导轨下面放入接油盒。

2.7.7 电梯电气安装

2.7.7.1 电线管、线槽敷设混乱,动力、控制线路混敷

(1) 现象:① 线管、线槽敷设不平直、不整齐、不牢固。② 控制线路受静电、电磁感应干扰大,电梯调试和运行时发生误动作。

(2) 原因分析:① 不按标准、规范施工。② 动力线与控制线没有隔离敷设。③ 配线不绑扎,且没有接线编号。

(3) 防治措施:① 应严格按标准规范施工,电线管用管卡固定,固定点不大于3 m,电线管管口应装护口,与线槽连接应用锁紧螺母;电线槽每根固定不少于两点,安装后应横平竖直,接口严密,槽盖齐全、平整、无翘角。② 阅读说明书,动力线与控制线隔离敷设。对有抗干扰要求的线路应按产品要求施工。③ 配线绑扎整齐,并有清晰的接线编号。

2.7.7.2 电气设备接地不可靠

(1) 现象:电气设备外露可导电部分未接地或接零,且连接不可靠,接地线互相串接后再接地,在中性点接地的9 N系统中,电气设备单独接地,接零、地线混接。接地线未用黄绿相间的绝缘导线,计算机控制的电梯其"逻辑地"(信号地)未按说明要求处理,而按电气设备安全接地处理。

(2) 原因分析:未按标准、规范施工,没有理解说明书要求。

(3) 防治措施:① 认真学习标准、规范和安装说明书,提高业务水平。② 按标准要求接地,接地线用黄绿相间绝缘导线。电气线自进入机房,零线和接地线应始终分开。③ 在TN系统中,除在电源中性点进行工作接地外,还必须在PE线及PEN线的终端重复接地。④ "逻辑地"按说明书要求处理。

2.7.7.3 电缆悬挂不可靠,电缆过短或过长

(1) 现象:随行电缆两端以及不运动电缆固定不可靠,当轿厢压缩缓冲器后,电缆与底坑和轿厢底边框接触。随行电缆运动时打结或波浪扭曲。

(2) 原因分析:未按标准要求固定,轿底电缆支架与井道电缆支架不平行,电缆过长,未充分退扭。

(3) 防治措施:① 将电缆沿径向散开,检查有无外伤、机械变形,测试绝缘性能和检查有无断芯。将电缆自由悬吊于井道,使其充分退扭。② 计算电缆长度后再固定。保证电缆不致拉紧或拖地。绑扎随行电缆,其绑扎长度应为30~70 mm,绑扎处应离电缆支

架钢管100～150 mm。③ 轿底电缆支架应与井道电缆支架平行,并使随行电缆处于井道底部时能避开缓冲器,并保持一定距离。④ 多根电缆同时绑扎时,长度应保持一致。

2.7.7.4 轿顶配线防护不可靠

(1) 现象:① 轿顶无法排线管,配线没有防护。② 采用金属软管防护时固定不可靠,端头固定距过长。

(2) 原因分析:① 未按标准、规范施工。② 金属软管无固定点,固定困难。

(3) 防治措施:① 轿顶配线应走向合理,尽量用硬管配线,无法配管的部位用金属软管保护。② 如需用软管,应事先加工安装固定点,保证端头固定距不大于 100 mm。③ 软管与箱、盒、设备连接处应使用专用接头。

2.7.7.5 传感器安装缺陷

(1) 现象:① 传感器及支架不能调整。② 传感器及支架松动。

(2) 原因分析:① 支架采用焊接固定。② 支架及传感器调整后没有可靠锁紧。

(3) 防治措施:① 改焊接固定为螺栓固定。② 支架及传感器调整后可靠锁紧,螺母要加弹簧垫。

2.7.8 安全装置

2.7.8.1 安全钳不能同时动作,轿厢变形

(1) 现象:① 安全钳动作时,两侧安全钳不能同时动作,使轿厢发生变形。② 安全钳动作后安全钳急停开关未动作,电梯控制电路未切断。

(2) 原因分析:两侧安全钳的工作面间隙不一致,上梁横拉杆、杠杆没有调整好,拉杆弯曲,安全钳急停开关未调整好位置。

(3) 防治措施:① 安装前先校正垂直拉杆,调节上梁横拉杆的压簧,固定主动杠杆位置,使主动杠杆、垂直拉杆成水平,两侧拉杆提拉高度一致。② 调整钳楔块工作面与导轨侧面间的间隙,间隙应均匀一致。③ 调整急停开关位置,检查电路,先做模拟试验,动作正常后再做正式的安全钳试验。④ 检查轿厢底水平度,轿厢变形时要重新调整。

2.7.8.2 安全保护开关失灵

(1) 现象:① 电梯运行过程中安全保护开关误动作,使电梯无故停车。② 出故障时,安全保护开关不动作。

(2) 原因分析:安全保护开关安装位置不对,固定不可靠,电路发生故障。

(3) 防治措施:① 各安全保护开关和支架应用螺栓可靠固定,并有止退措施,严禁用焊接固定。② 检查各开关,不能因电梯正常运行时的碰撞和钢绳、钢带、皮带的正常摆动使开关产生位移、损坏和误动作。③ 对控制柜和控制线路做模拟试验,模拟试验可带电动机,但禁止带动轿厢运行。④ 模拟试验正常后可以进行慢车试验,试验时所有安全装置应全部接通,一般情况下不能短接。⑤ 检查不动作或误动作开关的位置和电路,重新调整。

2.7.9 试运转

2.7.9.1 平层不准确

(1) 现象:电梯平层不准确,尤其是轿厢空载时与满载时平层不准确。

(2) 原因分析:① 电梯调整平层前没有先做平衡系统调整。② 平层调整时电梯额定载重量不正确。③ 平层运行速度太快。

(3) 防治措施:① 平层的调整应在平衡系统调整后及静载试验完成后进行。平层运行速度应符合说明书要求。② 在电梯加 50% 的额定载重,以楼层中层为基准层,调整感应器和铁板位置(应反复多运行几次进行调整)。

2.7.9.2 不做安全钳试验,试验后导轨不修光

(1) 现象:① 导轨工作面两侧无试验痕迹,说明没有做安全钳试验。② 试验后导轨工作面不修光,导靴磨耗快。

(2) 原因分析:没有认识到试验的重要性和试验后不修光的后果。

(3) 防治措施:电梯检修速度进行时,在机房人为操作让限速器动作,试验后应检查擦痕,并立即进行修光和检查轿厢是否变形,调整安全钳间隙。

思考题

1. 电梯安装前要做哪些准备工作?
2. 简述电梯安装工艺流程。
3. 电梯安装主要防护用品有哪些?
4. 电梯井道垂直度允许偏差是多少?
5. 轿厢架主要构件有哪些?
6. 曳引比 2∶1 与曳引比 1∶1 的轿厢架结构的主要区别有哪些?
7. 简述轿厢体拼搭的过程。
8. 简述主机承重梁安装的尺寸要求。
9. 简述巴氏合金绳头的制作方法。
10. 井道照明的布置要求是什么?
11. 无脚手架安装电梯的主要工艺流程是什么?
12. 简述自动扶梯和自动人行道的安装步骤。

第3章 电梯安装现场的施工管理

电梯是当今世界现代城市高层建筑必不可少的机电垂直运输设备,一台电梯是否正常稳定地运行、安全可靠、乘载舒适,除了需要拥有高水准的生产电梯零部件外,还取决于电梯的安装质量。而电梯在整个安装施工过程中,电梯安装单位从前期施工联系、进场准备、安装施工、整机调试,到政府部门验收合格交付甲方(用户)使用,自始至终都要与甲方(用户)、建筑施工单位、监理单位等各方发生密切的工作联系,其间尤其是需要得到甲方(用户)和建筑施工单位直接配合。如果说某一方在电梯安装过程中不予协助配合或配合协调工作做得不够及时、认真,不仅难以确保电梯安装工程的顺利进行,还会直接影响到电梯的正常交付使用,同时也会导致整个安装工期的拖延。

3.1 电梯安装施工管理的主要工作内容

3.1.1 前期施工联系

在正常情况下,按照电梯生产厂商与甲方(用户)签订的《产品买卖合同》和《产品安装合同》相关规定,在电梯产品货到甲方(用户)安装现场的前两个月,电梯安装公司就会派前期施工联系人员,前往用户安装现场勘测电梯井道、机房、层门、底坑尺寸是否符合电梯合同中双方确认的并由电梯制造厂商提供的营业设计图。在前期施工联系人员实际勘测电梯土建后,还需要填写"产品施工联系单"一式两份,由双方人员签字确认,一份交由甲方(用户)负责该项工程的负责人,一份带回公司作为安装进场前准备工作的依据。如果施工联系人员在勘测电梯土建时发现需要整改的部位也会在"产品施工联系单"上提出土建整改意见,请甲方予以整改,便于电梯产品运到后,安装队进场顺利安装施工。令人遗憾的是在很多工程中,发现甲方(用户)的电梯土建完工后大多数与电梯制造厂商提供的营业设计图纸尺寸不相符,如井道底坑深度不够,层门高度不够,机房预留孔位置发生错误,顶层高度不够,各层的呼梯按钮盒预留孔未打,层门洞口未搭建安全防扶栏等诸多问题。

电梯的生产制造和安装在我国已有这多么年了,为何还会出现这种情况呢?主要有以下几个原因:

(1)建筑施工单位系总包商,负责整个建筑物的承建施工,他们主要是按照甲方(用户)提供的建筑施工图纸或设计院提供的施工图进行施工。电梯安装只是分包项目工程,而电梯井道、机房土建仅是整个建筑物的一小部分,自然不会引起总包商的重视。

(2)甲方(用户)一时疏忽未将双方确认的营业设计土建图转交建筑施工单位进行技术交底,工作衔接不到位。有的甲方或建筑施工单位施工人员的频繁变动,离开单位时工作移交不清楚所致。有的甲方虽然移交给了建筑施工单位的电梯营业设计土建图纸,但没有引起施工单位的足够重视。

(3)甲方(用户)系首次安装电梯,缺乏对电梯的了解,尤其是电梯产品对土建有特殊要求了解更少,建筑大楼主体修建完工后才订购电梯,也是导致电梯井道、机房土建需要整改的地方较多的原因。

(4)通常情况下,在签约合同后5日内,电梯销售人员应该把营业设计图纸按时提供给甲方(用户)便于施工单位施工。由于电梯企业销售人员整天忙于跑项目、签合同、应酬多,容易把这件事给忘记了。直到前期施工人员要去甲方勘测电梯土建时才想起,但建筑物主体已经修建完工。

为了减少不必要的麻烦和损失,前期的施工联系的好坏程度直接关系到电梯最终安装的进展快慢。

3.1.2 办理开工告知

根据《特种设备注册登记与使用管理规则》第七条规定,安装、大修、改造特种设备前,使用单位必须持有关资料到所在地区的地、市级以上(含地、市级)特种设备安全监察机构申请备案和告知。但在实际工作中,由于甲方(用户)不知道其办理程序,此项工作就由电梯厂商代为办理,即业内人士通常称的"钥匙工程"。如果不办理开工告知手续,一旦被当地区质量技术监督局特种设备安全监察处检查到,其结果往往是电梯安装公司受处罚。因此,在电梯货到现场前就应办理此项手续。办理告知手续需向特种设备安全监察机构提供相应资料,有公司的制造许可资质、安装资质、开工告知书(包括工程的详细信息)、施工方案、安装人员的安装证件、电梯的随机资料、安全部件形式试验副本及出厂调试证明等。

3.1.3 施工过程中的管理

3.1.3.1 施工过程管理的主要流程

准备现场施工的技术图纸与文件→工具准备→协调清理现场、按图搭设脚手架→协调施工电源→对所有施工人员进行安全教育和现场施工管理相关制度的宣传贯彻→

电梯部件进场,组织清点、分层吊装→建筑条件及脚手架定位核实→监控放样板→监控导轨支架、导轨的安装→监控层门、机房设备的安装→监控轿厢、对重的安装→监控缓冲器、限速器的安装→监控钢丝绳的安装→监控控制柜安装及布线→监控井道信息的安装→监控慢车调试→监控操纵盘、外招安装→监控细部调整→协调土建进行井道孔洞封堵→监控快车调试→监控平衡系数、超满载等试验测试→组织最终自检→申请专业部门专检→拿证贴于轿厢→与甲方进行设备移交手续→清理现场、撤离。

这只是一个工作的大致流程,实际工作过程中涉及很多突如其来的问题需要各方协调。

3.1.3.2 季节性施工管理

1. 冬季施工管理

(1) 明确冬季施工项目,编制进度安排。因为冬季气温低,施工条件差,技术要求高,费用要增加。为此,便于保证施工质量和防止人员冻伤,应及时听天气预报,合理安排好作息时间,尽量不加班。

(2) 做好劳动保障工作,安全落实到安装组,保证冬季施工的顺利进行。

(3) 做好停止施工部位的安排和检查,如突入的恶劣天气,使下一步的工作无法进展时,需保管好未安装的部件及工具设备,做好必要的工程防护方可休工。

(4) 加强安全教育,严防火灾发生,落实防火安全技术措施,经常检查落实情况,保证各热源设备的完好使用;做好职工培训及冬季施工的技术操作和安全施工的教育,确保工程施工质量,避免安全事故发生。

2. 雨季施工管理

(1) 注意防水。正常施工过程,有些工地还存在建筑用水流入电梯井道、积蓄到电梯底坑的问题。如果雨季,很多井道离门窗较近,加之门窗没有完全安装,又无封堵的情况,难免雨水进入电梯井道及机房,这就需要电梯安装人员做好与现场相关负责方的协调,进行排水工作。

(2) 注意防电击。雨季天气潮湿,加之工地地面有水是正常的,要严格按照安全规范进行电梯施工操作,使用带漏电保护的空气开关作为电源的控制开关,电气设备外壳接地良好,避免人身触电事故的发生。

(3) 临时库房做好防水与防雨的工作,以免电梯部件受到损伤。

(4) 如遇暴雨和雷雨,应暂停施工,尤其是暂停电梯电控方面的操作,因为施工多为临时电源,不够稳定,容易在打雷和闪电的时候对电梯设备造成损害,因此,最好是停工等雷雨天气过后再施工。

3. 夏季施工管理

(1) 夏季气温较高的天气比较多,加之很多地区湿度又比较大,要合理安排工作时间,避开高温时间,避免工人中暑。

(2) 注意防电击。要严格按照安全规范进行电梯施工操作,使用带漏电保护的空气开关作为电源的控制开关,电气设备外壳接地良好,避免人身触电事故的发生。

3.1.3.3 与各协作单位的工作协调与配合

电梯在整个建筑工程中是很小的一部分,加之是相对独立的部分,很难受到各协作单位的重视,因此,在整个电梯施工过程中与各方进行工作上的协调是必不可少的。因此,在项目经理接手整个工程时,就要对整个工程有一个全局的了解,同时,有一个完整的施工计划,做好各项协调准备。主要的工程协调如下:

(1) 电梯安装队入场前就要与甲方和建筑施工方沟通,要求提供临时库房及临时电源,然后才能进场。

(2) 井道勘测有与电梯设计图纸要求不符的要与土建方进行沟通整改,如井道内垃圾等。

(3) 电梯施工过程中涉及一些土建工作,需向土建方提出,要求其配合,如缓冲器要做墩子,机房钢梁的墙体填充,门口的封堵等。

(4) 大楼主体验收涉及电梯消防内容,需要电梯工程人员的配合。

(5) 大楼主体验收涉及电梯相关数据及记录,由电梯公司配合填写。

(6) 电梯验收结束后,进行与甲方的移交工作。

电梯工程中各种配合是有艺术性的,配合的好,会加快工程进度,同时也能节约资源。

电梯安装单位除了和甲方(用户)与施工单位发生工作关系外,还有就是与工程监理单位产生密切的工作联系。由于监理单位工作性质决定,受甲方委托,以合同为依据对整个工程投资、进度、质量目标值与投资、进度、质量实际值进行比较,若发现偏离目标,则采取纠正措施以确保项目目标的实现。与监理有关的内容如下:

(1) 电梯安装公司进场后一定程度上要接受监理单位监督检查,比如电梯安装公司是否具备特种设备电梯安装维修改造资质资格;安装人员是否持有特种设备电梯安装维修操作证,是否具备上岗作业资格;该项安装工程是否按规定在政府主管部门办理了开工告知书;现场实际安装人员与开工告知书上确定的人员是否相符。

(2) 监理单位还要检查安装单位该项工程的安装计划、工程进度、质量确保、安全保障,安装单位须出示和提交产品合格证、安装施工方案、电梯隐蔽工程土建确认书、脚手架搭建方案等相关资料。经监理工程师批准后,安装单位才能正式进场安装施工。

(3) 在安装过程中,安装人员有违反国家安全生产规定的,监理单位有权提出整改意见,对不符合质量标准的,向安装单位发出指令文件,如整改通知书、质量问题反馈、情况纪要等,及时解决施工中工程质量存在的问题。同时保证施工工期按计划实施。对存在严重的质量隐患,监理工程师立即向甲方汇报,且报请总监理工程师批准后,发出"工程部分暂停指令",在未整改之前,违规部分工程必须停工整改,整改之后待监理工程师检查合格后,才能恢复施工。

(4) 参加工程监理会议,通常每周一次。监理会议通常由监理工程师主持召开,将业主代表、项目负责人、分包商负责人等召集到一起,讨论工程进程过程中各自存在的困难及要求其他单位配合的内容。会议的主要目的就是为了整个工程的顺利进行,保质保量完成项目任务。

由此可见,电梯安装是一个比较复杂的综合性工程,需要得到甲方、施工单位、监理单位有效的积极配合。当然电梯安装单位同样也要密切地与上述单位进行友好的合作,施工中严格遵守施工现场的有关规章制度和安全制度,出席甲方主持的现场施工协调会,落实协调会议的工作要求,对监理单位提出的安全隐患、质量问题要及时地整改和回复,承担《产品安装合同》中约定的全部义务和责任。

3.1.4 电梯报验

电梯施工结束,经自检合格后报国家电梯检验机构进行电梯专检,专检合格后发证,电梯方可使用。

3.1.5 电梯移交

拿到电梯验收合格证后,将其贴在电梯轿厢内醒目位置。将电梯资料整理完毕,移交甲方相关负责人,办好移交手续,整个工程到此结束。

3.2 电梯项目经理的基本要求

3.2.1 项目经理的定义

定义项目经理之前先说明一个概念,即项目管理。项目管理是一门新兴的管理科学,它是指在相对较短的时间内,为了完成一个既定的、特殊的目标任务,通过纵横相结合的运行机制,达到对企业有限资源进行有效的计划、组织、控制的一种系统管理方法。而实施项目管理的负责人就是项目经理。

3.2.2 项目经理的职责

(1)贯彻执行国家、行政主管部门有关法律、法规、政策和标准,执行公司的各项管理制度。

(2)经授权组建项目部,确定项目部的组织机构,选择聘用管理人员,根据质量、环境、职业健康安全管理体系要求确定管理人员职责,并定期进行考核、评价和奖惩。

(3)负责在本项目内贯彻落实公司质量、环境、职业健康安全方针和总体目标,主持制定项目质量、环境、职业健康安全目标。

(4)负责对施工项目实施全过程、全面管理,组织制定项目部的各项管理制度。

(5)严格履行与建设单位签订的合同和与公司签订的"项目管理目标责任书",并进行阶段性目标控制,确保项目目标的实现。

(6) 负责组织编制项目质量计划、项目管理实施规划或施工组织设计,组织办理工程设计变更、概预算调整、索赔等有关基础工作,配合公司做好验工计价工作。

(7) 负责对施工项目的人力、材料、机械设备、资金、技术、信息等生产要素进行优化配置和动态管理,积极推广和应用新技术、新工艺、新材料。

(8) 严格财务制度,建立成本控制体系,加强成本管理,搞好经济分析与核算。

(9) 积极开展市场调查,主动收集工程建设信息,参与项目追踪、公关,进行区域性市场开发和本项目后续工程的滚动开发工作。

(10) 强化现场文明施工,及时发现和妥善处理突发性事件。

(11) 做好项目部的思想政治工作。

(12) 协助公司完成项目的检查、鉴定和评奖申报工作。

(13) 负责协调处理项目部的内部与外部事项。

(14) 完成领导交办的其他工作。

3.2.3 项目经理的素质要求

3.2.3.1 基本素质要求

"素质"一般泛指构成人的品德、知识、才能和体格诸要素的状态。对于一个成功的项目而言,项目经理是不可或缺的重要因素,而项目经理的素质如何又决定了其管理的水平。

项目经理应具有何种基本素质是由其工作性质决定的。项目管理是一项非常复杂的工作,涉及面广,不确定性因素多,因此要求项目经理应具备以下几方面的基本素质。

1. 德

德指道德,包括思想好,作风好。一个项目经理必须具有致力于发展社会生产力,造福于人民的观念;有高度的事业心和责任感;有顽强的进取心和坚韧性;能顾全大局,大公无私,自觉地维护国家利益,正确处理国家、集体、个人三者的利益关系。

2. 识

识是指知识与智力的统一,包括敏捷的思维、广博的见识和改革的胆识。一个项目经理一方面应能及时地抓住一般人感觉不到的问题,并能透彻地阐明其意义,深刻地掌握其规律,独立地提出自己独特的见解;具有识别新事物的能力,这是开创工作新局面的前提,具备广博见识的项目经理,能在项目进展过程中,及时地发现问题和矛盾,准确地提出见解和解决的办法。另一方面在认准方向后,能够当机立断、坚决果断和毅然决然地去实现。具备改革现状的胆识的项目经理,能在项目进展过程中,坚忍不拔地克服各种困难,始终不渝地实现项目目标。

3. 能

能主要指管理才能，一个项目经理要负责一个项目的管理工作，要带领项目组织成员实现项目目标，必须具备多方面的能力。

4. 知

知是指知识水平和知识结构。现代项目要求进行复杂、动态和系统的管理。现代管理者只有具备和不断提高知识水平，才能掌握现代管理的主动权。现代管理涉及经济学、心理学、系统论、控制论和信息论等诸多方面的知识，因此，一个项目经理只有具有工程管理、经济、金融、市场营销和法律等方面的知识，才能在竞争中取胜，才能取得显著的经济效益和社会效益。

5. 体

体是指强健的身体和充沛的精力。强健的身体是现代管理者发挥德、识、能和知作用的基础；充沛的精力是现代领导者适应快节奏、高效率工作的重要前提。因此，项目经理必须身体健康、精力旺盛。

综上所述，要成为一个合格的项目经理，取得项目管理的成功，必须在德、识、能、知和体五个方面不断地修炼。

3.2.3.2 能力要求

项目经理是项目组织的管理者，负责对项目的计划、组织、领导和控制等工作，因此，一个项目经理必须具备以下几方面的能力。

1. 领导能力

项目领导工作包括有效的沟通和有效的激励，要使项目团队成员齐心协力地工作，实现项目目标，必须进行有效的领导。

(1) 项目经理需要采取民主式的领导方式。

对于项目经理而言，采用这种领导方式比主要依靠职权的独裁式或命令式的管理方式更为有效，这是因为项目组织是一个临时性的组织，且由各方面的专家组成，项目本身涉及面广，只有充分调动每位组员的积极性，在遇到问题的时候，与大家共同商量解决问题，授予下属更大的工作自主权，才会实现有效的领导。

(2) 懂得激励成员的主观能动性，并能设计出一种富于支持和鼓励的工作环境。

项目经理可以通过鼓励全体项目组织成员的积极参与来创造出这样一个环境：

① 使项目组织成员了解项目结果和利益的蓝图。

② 授权。通过授权，使成员拥有实现自己工作目标的决策权力。如让成员拥有制订工作计划、决定如何完成任务、控制工作进程以及解决妨碍工作进展问题等方面的权力，这样的授权，能使每个人的工作内容更有挑战性，能够满足组织成员受尊重、实现自己价值等需求。

③ 奖励。奖励是一种动机强化的手段，奖励对期望的行为具有激励作用，被认同或得到奖励的行为会重复发生。如项目组成员提前完成了一项重大任务或发明了一种可

加快项目进程的工作方法。而受到奖励,这样会鼓励大家在未来的工作中保持和发扬这一良好作风。奖励的方式很多,如金钱、口头鼓励、表扬、赞赏、奖品等,应注意奖励的方式,只有能满足成员需求的奖励,才能起到激励作用。

一种最简单有效的激励方式是对项目组中每位成员的工作表现出真诚的兴趣,当成员向你汇报他们的工作时,要全神贯注地听。然后,向他们提一些有关工作的问题,并用"谢谢"、"干得不错"、"很好"等语言来表达对他们付出的认同和赏识。

(3) 项目经理要言行一致,身体力行。

要为组织成员树立榜样,如果希望成员为赶进度而加班,自己应该首先留下来而不是提前离开。

2. 人员开发能力

优秀的项目经理会对项目成员进行训练和培养,使组织成员有机会增加自身价值,使每个人在项目结束时,都拥有比项目开始时更丰富的知识和竞争能力。

(1) 项目经理应创造一种学习环境,使员工能从他们所从事的工作中,从他们所经历或观察的情景中得到知识。如尽可能给成员分配全面的任务,使他们丰富知识;或是让一个阅历不足的成员能跟经验丰富的成员一起工作,使新的成员从经验丰富的人那里学到更多的东西。

(2) 让他们参加正式的培训课程。

3. 沟通能力

一个项目经理,一定要是一个良好的沟通者,他需要与项目组织成员、承包商、项目业主以及相关的各方面进行沟通,只有通过有效的沟通,才能了解掌握各方面的情况,及时地发现潜在的问题,征求到改进工作的建议,协调各方面的关系。

沟通包括口头沟通和书面沟通。口头沟通是通过语言来传递信息,在项目早期,面对面的口头沟通对促进项目组织的团队建设、发展良好的工作关系和建立共同目标是特别重要的。项目经理也应主动拜访项目业主、公司上层管理者以及项目相关部门,了解他们各自的想法,争取建立良好的关系,也应经常与项目组成员进行口头沟通以增进了解。另外定期组织会议也是必不可少的,包括:

(1) 情况评审会——通报情况,找出问题。

(2) 解决问题会议——针对问题召开有关人员会议。

(3) 技术设计评审会——对提出的设计方案进行评审。

(4) 书面沟通是通过文字来传递信息。如内部备忘录、信件、进度报告、项目总体报告等。

(5) 另外,优秀的项目经理会注意倾听项目业主表达的期望和要求,项目组成员的意见和关注所在,听比说获益更多。

4. 处理矛盾冲突的能力

(1) 项目工作中的矛盾冲突。

项目管理中自始至终存在着矛盾冲突,在项目的各层次和全过程中都会产生矛盾冲突,项目经理经常要处理项目运行中产生的各种矛盾冲突,特别是在组织机构重新组合和多个项目都在争取共享有限资源的情况下,矛盾冲突尤为突出。在管理方面主要的矛盾冲突可能来自:

① 进度方面的矛盾。围绕完成项目的时间,各项活动顺序安排等方面存在不一致。

② 资源分配方面的矛盾。要保证项目完成,项目组织与职能部门之间、项目之间及项目组织内部会针对资源分配发生不一致。

③ 人力方面的矛盾。对所需人才分配方面的不一致。

④ 个性方面的矛盾。项目组成员在个人价值、态度上的不同。

(2) 冲突处理方式。

对于冲突必须有正确的态度,从前面冲突来源可以看出,项目工作中的冲突是必然存在的,有不同意见是正常的。冲突也有有利的一面,它可以让人们有机会获得新的信息,迫使人们寻求新的方法,制订更好的问题解决方案。作为项目经理应认识到在项目工作过程中,冲突必然产生,处理的好,冲突将有利于团队建设,但处理得不好,也可能带来不利的影响,可能破坏沟通、破坏团结、降低信任。

在项目管理中有许多好的有效的解决矛盾冲突的方法,如有效的计划、加强沟通、制定一些企业内部解决矛盾冲突的政策等。

5. 解决问题的能力

项目组织在完成项目的过程中,总会遇到一些问题,如项目进度比计划晚了几个星期,严重影响到客户要求的完工日期。项目可能陷入预算困难,已经使用了50%的资金,只完成40%的工作量。项目经理可能会面对各种各样的问题,是否能有效解决问题会影响和决定项目成败。因此项目经理必须了解解决问题的9个步骤:

(1) 对问题作出说明。

(2) 找出问题的可能原因。

(3) 收集数据、确定最有可能的原因。

(4) 得出可能方案。

(5) 评估可行方案。

(6) 决定最佳方案。

(7) 修订项目计划。

(8) 实施方案。

(9) 判断问题是否得以解决。

可采用的有效方法,如头脑风暴法,即让全体成员自发地提出主张和想法。

3.3 电梯安装施工各项管理制度

3.3.1 电梯作业人员守则

3.3.1.1 目的和范围

1. 目的

为了规范电梯安装人员在进行电梯安装过程中的行为,防止由于违章作业而造成人身伤害事故和设备事故,提高服务水平和工程安装质量。

2. 范围

规定了电梯安装人员在作业过程中应遵守的职业行为规范。

3.3.1.2 电梯作业人员守则

(1) 严格遵守国家有关特种设备的安全规定,服从政府部门的管理。

(2) 电梯作业人员必须经地、市质量技术监督特种设备安全监察部门培训考核合格后,方可上岗。

(3) 电梯作业人员必须严格遵守《电梯安装及维护安全操作规程》,不违章作业、违章指挥、违反劳动纪律。

(4) 熟悉自己所安装电梯的性能、原理、构造及施工工艺。

(5) 认真学习业务知识,掌握新技术、新规程,不断提高自身的技术水平。

(6) 及时报告电梯事故隐患,做好安全标示,严守安全规范。

(7) 不擅自离岗,做到文明作业。

(8) 正确处理电梯安装过程中出现的各种情况,做好汇报工作。

3.3.2 电梯作业人员培训考核制度

3.3.2.1 目的和范围

1. 目的

提高电梯作业人员的安全意识和技术水平,了解国家有关电梯安全管理的法规、政策,自觉地履行电梯作业人员的各项职责。

2. 范围

规定电梯作业人员进行培训的内容、方式,组织电梯作业人员的方法,对培训取得的成果进行考核。

3.3.2.2 职责

电梯安全管理人员负责组织对电梯作业人员的培训工作。单位负责职工教育管理的部门负责组织对培训情况进行考核。

3.3.2.3 电梯作业人员培训考核制度

(1) 电梯作业人员必须持质量技术部门的特种设备操作人员的操作证方可独立从事相应的工种。

(2) 电梯作业人员的培训包括:外委培训(质量技术监督部门组织)和单位内部培训两种。

(3) 电梯安全管理人员应建立该类人员的培训、教育档案,及时通知有关人员参加电梯作业人员的换证考试,保持操作证的有效性。

(4) 电梯安全管理人员每年应编制当年度电梯作业人员的培训计划,报告单位领导,批准后实施。

(5) 单位内部培训由电梯安全管理人员负责组织实施,每季度至少组织一次,培训的内容主要包括:国家有关电梯的法律、法规、规章的学习;电梯事故案例的分析;电梯有关技术知识的学习。必要时可组织人员进行笔试。每次培训必须做好相应的记录。

(6) 参加外委培训(质量技术监督部门组织)的人员必须经单位领导同意,培训合格的予以报销相应的费用。

(7) 电梯作业人员未按规定参加培训,或培训考核不合格的按有关制度予以处分或扣奖。

(8) 电梯安全管理人员培训工作考核按质量技术部门的规定要求进行。

3.3.3 电梯钥匙使用管理制度

根据国家电梯检验规范规定,和电梯安全运行相关的电梯钥匙应由业主指定的管理部门及管理人员严格管理。加强安全防范意识,预防非指定管理人员对电梯钥匙的错误操作,从而导致安全事故的发生,并引起电梯重要零配件被盗等事件的发生。因此,必须做到如下几点:

(1) 在任何情况下应做好电梯钥匙的交接工作,保证做到正确使用,特别要预防电梯钥匙的丢失及误操作。

(2) 电梯钥匙未经业主管理部门人员同意,不得随意使用。因工作需要使用时应做好记录。

(3) 电梯钥匙保管员不得将自己的电梯钥匙借给非有关人员使用。

(4) 电梯钥匙使用完毕后必须及时交回管理部门,并放回原处。

(5) 电梯钥匙包括:厅门三角钥匙、轿内检修钥匙、机房钥匙。

(6) 使用厅门三角钥匙时应注意:当用三角钥匙打开层门时,应看清电梯是否停在本层下部,以防踏空;上轿顶前先打急停开关,后把电梯置检修位置,确认可以上轿顶时方可上轿顶。

3.3.4　电梯安全事故应急救援预案

为加强对电梯施工安全事故的防范,及时做好安全事故发生后的救援处置工作,最大限度地减少事故造成的损失,维护正常的社会秩序和工作秩序,根据《中华人民共和国安全生产法》和《特种设备安全监察条例》的要求,结合本公司实际,特制订本公司电梯安全事故应急救援预案。

3.3.4.1　本预案适用的事故种类

本预案所称安全事故,是指在本公司电梯安装现场的电梯突然发生的,造成或可能造成人身安全和财物损失的事故,事故类别包括:

(1) 重物砸伤、尖东西刺伤、划伤等事故。
(2) 由于剪切、坠落等原因造成的人身伤亡事故。
(3) 由于触电等原因造成的人身伤亡事故。
(4) 其他安全事故。

安全事故的具体标准,按国家或行业、地方的有关规定执行。

3.3.4.2　应急救援组织机构

(1) 成立电梯安全事故应急救援指挥部(以下简称救援指挥部)。指挥长由总经理担任;副指挥长由分管工程的副总经理担任;各相关部门负责人为指挥部成员,参与现场抢险救援工作。

(2) 设立现场救援组,由各安装维修班组人员兼职组成。组长由分管工程的副总经理担任,负责组织现场具体抢险救援工作;在指挥长到达现场之前,负责指挥现场抢险救援工作。

3.3.4.3　应急救援组织的职责

1. 指挥部职责

(1) 组织有关部门按照应急救援预案迅速开展抢救工作,防止事故的进一步扩大,力争把事故损失降到最低程度。
(2) 根据事故发生状态,统一布置应急救援预案的实施工作,并对应急处理工作中发生的争议采取紧急处理措施。
(3) 根据预案实施过程中发生的变化和出现的问题,及时对预案进行修改和完善。
(4) 紧急调用各类物资、人员、设备。
(5) 当事故有危及周边单位和人员的险情时,组织人员和物资疏散工作。
(6) 配合上级有关部门进行事故调查处理工作。
(7) 做好稳定秩序和伤亡人员的善后及安抚工作。

2. 现场指挥长的主要职责

(1) 负责召集各参与抢险救援部门的现场负责人研究现场救援方案,制定具体救援措施,明确各部门的职责分工。

(2) 负责指挥现场应急救援工作。

3. 副指挥长的职责

负责组织实施具体抢险救援措施工作。

4. 现场救援组的职责

(1) 抢救现场伤员。

(2) 抢救现场物资。

(3) 保证现场救援通道的畅通。

3.3.4.4 应急救援的培训与演练

1. 培训

按计划组织工程技术人员、安装维修人员进行有效的培训,从而具备完成应急任务所需的知识和技能。

(1) 每年进行一次培训。

(2) 新加入的人员及时培训。

主要培训以下内容:

(1) 困人解救。

(2) 井道内作业。

(3) 轿顶作业。

(4) 底坑作业。

(5) 厅层作业。

(6) 机房作业。

(7) 更换和割短钢丝绳。

(8) 扶梯桁架作业。

(9) 施工用电常识。

(10) 坠落保护。

(11) 电动工具的安全使用。

(12) 对危险源的突显特性辨识。

(13) 事故报警。

(14) 紧急情况下人员的安全疏散。

(15) 现场抢救的基本知识。

2. 演练

应急预案和应急计划确立后,按计划组织工程技术人员、安装和维修人员经过有效的培训,公司工程技术人员、安装和维修人员每年演练一次。每次演练结束,及时作出总结,对存有一定差距的在日后的工作中加以提高。

3.3.4.5 事故报告和现场保护

(1) 公司的质安部是事故报告的指定机构,联系人:×××,电话:138＊＊＊＊＊＊＊＊,

质安部接到报告后及时向指挥长报告,指挥长根据有关法规及时、如实地向安全生产监督管理局、质量技术监督局或其他有关部门报告。

(2) 严格保护事故现场。

对于事故现场,要保持发生状态,并做好拍照和记录,现场由专人看管,必要时拉警戒线,直到上述相关部门到达现场,进行报告。涉及受伤人员,需在事故发生后立即送到附近医院就医。

3.3.4.6 应急处理

1. 接报事故后 5 分钟内

(1) 立即报告公司主要领导,由总经理批准,立即启动本应急救援预案,按照各自的职责和工作程序执行本预案。当指挥长不在时,由副指挥长负责组织指挥应急抢险救援工作。

(2) 指挥部根据事故或险情情况,立即组织或指令事故发生地组织调集应急抢救人员、车辆、设备。组织抢救力量,迅速赶赴现场。

(3) 立即组织或通知就近网点,组织调集应急抢救人员、车辆、设备。组织抢救力量,做好增援准备。

2. 应急处理措施

(1) 抢救方案根据现场实际发生事故情况,制订抢救方案,迅速投入开展抢救行动。

(2) 伤员抢救立即与急救中心和医院联系,请求出动急救车辆并做好急救准备,确保伤员得到及时医治。

(3) 事故现场取证救助行动中,安排人员同时做好事故调查取证工作,以利于事故处理,防止证据遗失。

(4) 在救助行动中,救助人员应严格执行安全操作规程,配齐安全设施和防护工具,加强自我保护,确保抢救行动过程中的人身安全和财产安全。

3.3.4.7 救援器材、设备、车辆等落实

公司每年从利润中提取一定比例的费用,根据公司施工生产的性质、特点以及应急救援工作的实际需要有针对性、有选择地配备应急救援器材和设备,并对应急救援器材和设备进行经常性维护、保养,不得挪作他用。启动应急救援预案后,公司的机械设备、运输车辆统一纳入应急救援工作之中。

3.3.4.8 应急救援预案的启动、终止和终止后工作恢复

当事故的评估预测达到启动应急救援预案条件时,由应急指挥长启动应急反应预案令。对事故现场经过应急救援预案实施后,引起事故的危险源得到有效控制、消除;所有现场人员均得到清点;不存在其他影响应急救援预案终止的因素;应急救援行动已完全转化为社会公共救援;应急指挥长认为事故的发展状态必须终止;应急指挥长则下达应急终止令。

应急救援预案实施终止后,应采取有效措施防止事故扩大,保护事故现场和物证,经有关部门认可后可恢复施工生产。

3.3.4.9 应急总结与奖惩

应急救援工作结束后,指挥部组织相关部门认真进行总结、分析,吸取事故事件的教训,及时进行整改,并按照下列规定对有关单位和人员进行奖惩。

(1) 对在应急抢险救援、指挥、信息报送等方面有突出贡献的个人,按公司有关规定,给予表彰和奖励。

(2) 对瞒报、迟报、漏报、谎报重特大事故和突发事故中玩忽职守,不听从指挥,不认真负责或临阵逃脱、擅离职守的人员,按照公司有关规定,给予责任追究或处分。对扰乱、妨碍抢险救援的人员,由有关行政管理部门依法处理,构成犯罪的,依法追究刑事责任。

3.3.4.10 其他事项

(1) 本救援预案针对有可能发生的电梯安全事故,组织实施紧急救援工作并协助上级部门进行事故调查处理的指导性文件,可在实施过程中根据不同情况随机进行处理。

(2) 本预案自印发之日起施行。做好相应预案宣贯与培训工作,要求相关人员严格按照规定执行。

3.3.5 电梯施工档案管理制度

为了建立健全公司电梯施工档案管理工作,加强对公司电梯施工档案的科学管理,有效地保护和利用档案,结合本公司实际情况,特制定本办法。

3.3.5.1 公司档案管理体制

(1) 公司档案管理机构:分包公司或公司工程部负责临时管理公司的电梯施工档案。

(2) 公司指定专人管理电梯施工档案工作,保管人必须维护档案的完整与安全,并接受必要的培训。

3.3.5.2 立卷归档制度

(1) 档案的收集:收集工作是建立在归档制度上的。电梯施工单位对厂里发出的该项目所有技术资料进行暂时存档,待工程结束与相关单位(甲方、厂内各部)进行交接处理。

(2) 归档范围:包括厂内发到现场的开工资料,及产品使用说明等最终交付甲方的资料,还有就是施工检验记录等。

(3) 归档时间:开工资料与随机资料货发到现场就已经随货到现场,而电梯检验记录是与工程进度同步完成。

(4) 归档要求:材料完整齐全。

3.3.5.3 档案管理工作

(1) 档案的管理:区分全宗,正确立档单位;分类,依据档案、来源、时间、内容、形式分成若干层次和类别;案卷排列并编制案卷目录。

(2) 档案保管:工程现场设立专用文件柜保存档案。

(3) 档案的鉴定:从档案的内容、来源、时间、可靠程序、名称鉴别、档案价值,确定各类档案的保管期限,编制成表。

(4)档案的销毁编制销毁清册;办理销毁手续,经总经理批准,方能销毁;销毁要有二人以上监销,并在清册上签字。

3.3.5.4 档案利用工作

(1)凡需调阅档案,均须填写档案借阅单,依据借阅权限和档案密级,经有关领导签批后方能借阅。借阅档案应在"档案借阅登记簿"上登记,注明借阅档案的名称、密级、借阅方式、数量、期限。

(2)档案利用方式有:提供档案原件;提供档案复印件;提供文献索引资料。

(3)依据国家统计和有关法律法规,做好本公司施工现场档案统计工作。

3.3.6 电梯安全管理人员职责

(1)熟悉和宣传贯彻有关电梯法律、法规、规章和安全技术常识。

(2)编制本单位特种设备安全管理的规章制度和相关的操作规程,并负责本单位电梯使用登记工作和安全技术资料的归档工作。

(3)建立健全本单位电梯的安全管理组织体系,分层次、分类别地对本单位电梯使用状况进行经常性的检查,并做好记录检查和纠正其使用中的违章行为,发现问题应及时处理。

(4)对本单位职工进行电梯安全知识教育和培训,组织开展各种安全宣传教育活动,并根据本单位制订电梯事故应急救援预案和组织应急救援演练。

(5)编制常规性计划并组织落实,做好电梯的日常定期检修、维护保养,按时申报并配合特种设备检验机构做好特种设备的定期检验工作。

(6)根据规定,配合有关机构做好电梯事故报告、调查、处理、汇总和统计工作。

3.3.7 电梯安全操作规程

(1)电梯安装期间,不得用于其他运载使用。

(2)安装操作时,如一人在轿顶开检修,一人在轿厢内工作,两个人要确保指令语音无误。

(3)安装过程没有做平衡系数,严禁轿厢侧超载。

(4)电梯检修运行中改变方向要确保配合的人员知情。

(5)电梯施工禁止烟火。

(6)工作结束时电梯必须升到顶层停放。离开电梯时必须关好门。

就管理制度而言,肯定以有利于工作为前提,制定适合自己公司发展的制度,有用的才是最好的。

3.4 电梯安装施工管理方法

电梯安装施工管理是将通用的管理方法应用到电梯方面,这就需要针对实际情况,合理利用管理方法,方便整个工程的管理工作。美国项目管理学会于1987年就公布了第一个"项目管理知识体系",并修订了3次。在这个体系中,项目管理体系分为:范围管理、时间管理、费用管理、质量管理、人力资源管理、沟通管理、风险管理、采购管理及整体管理9个领域。而电梯安装施工管理中基本都用得到。

3.4.1 范围管理

计划和界定一个项目或项目阶段所需完成的工作,以及不断维护和更新项目范围。电梯施工管理中,项目经理接到任务后,对该任务进行规划,如一个电梯安装工程总共有多少台,分几个批次安装完毕,每个批次安装需要几个安装队,每个安装队的人员配置如何等,这些都要有一个明确的计划。当工程的整个范围圈定,计划落实,方可有条不紊地进行施工。

范围管理也体现在每个安装队中,对于一个安装队,分配给他们的安装任务是固定的,他们可以根据任务情况和工期长短,进行安排,同时管理好自己工作范围内的部件及安排好自己该做的事情。

3.4.2 时间管理

"时间就是生命,时间就是金钱",这是很多人经常挂在嘴边的一句话,也说明时间对每个人的重要性。在工作中,时间的利用好坏决定着工作的总体效率。

电梯安装施工项目的时间管理主要内容包括安装排序、安装所需资源估算、安装所需时间估算、制定工程进度表、进度控制等。在安装施工管理过程中,项目经理采取渐近明细原则,远期粗略,近期详细。对安装人员的时间管理主要是对整个工期进行细分,同时根据实际情况及时调整项目进度,有效保证整个工程保质保量、如期完成。

3.4.3 费用管理

项目的实施是靠经费来支持的,而项目的最终目的也是为了经济上的收益,因此,费用管理在电梯安装施工过程中的重要性就显而易见了。

电梯安装的主要费用开支主要有安装要支付给安装人员的工资,电梯部件的吊装费用,搭设脚手架的费用(无脚手架安装省去此费用),要求土建方进行电梯工程配合的费用,施工人员劳保防护用品的开销,施工过程中耗材(如焊条、钻头等)的费用,施工时使用的水电费用,电梯报验费用等。对于一个工程,甲方提供每台电梯的安装总费用是固定的,如果超支就要由工程公司(或厂方)支付,因此对于一个工程,合理利用每一笔开支是十分重要的。

电梯安装施工费用管理：

(1) 电梯安装项目应实行独立核算。

(2) 电梯安装项目资金应实行预算管理。

(3) 电梯安装项目资产应加强成本核算与管理。

(4) 正确核算电梯安装项目成本，加强成本控制。

(5) 做好安装项目的债权债务清理工作。

(6) 对电梯安装项目实行报告制度。

3.4.4 质量管理

电梯安装施工管理要有质量观念，制定质量方针、质量目标，实行质量责任制。并通过诸如质量规划、质量保证、质量控制、质量持续改进来实施质量体系。电梯安装质量是衡量电梯总体效果的一个重要标准，因此，对电梯安装质量的管理非常重要。本书在下一章有专门叙述，本节不再赘述。

3.4.5 人力资源管理

电梯安装施工过程是一个特殊过程，无法用其他设备来代替，只能人工完成，因此，人力资源管理就显得十分重要。

电梯安装前要进行人员安排，进行安全及技能培训。电梯施工过程中要根据进度合理安排各工种(电工、钳工等)的人员配置。平时做好施工团队建设，为迎接电梯工程做好准备。

3.4.6 沟通管理

电梯安装施工管理过程也是一个沟通的过程。从确立项目开始就要收集该项目所需信息，与相关单位或个人进行前期沟通。工程进行过程中，要对现场出现的一些问题进行解决，都需要与相关人员进行协调沟通。所有的沟通工作最终都是为了确保项目的顺利完成。

3.4.7 项目采购管理

电梯项目采购管理包括从本公司之外获取货物和服务的过程。该过程包括：

(1) 制订采购计划——决定采购电梯部件的品种及数量、何时采购等。

(2) 制订询价计划——以文件记录所需的产品以及确认潜在的供货渠道。

(3) 询价——从可能的供货商取得报价单等。

(4) 渠道选择——从潜在供货商中作出选择，在此阶段重要的工作是比较价格、供货期、售后服务质量等。

(5) 合同管理——管理与供货商的关系。当决定需要采购时,合同类型的选择成为买卖双方关注的焦点,因为不同的合同类型决定了风险在买方和卖方之间分配。合同管理的另一个重要内容是确保买卖双方履行合同中所规定的各自的责任和义务,如供货方的供货时间、质量保证、付款条件等。

(6) 合同收尾——合同的执行和清算,包括赊销的清偿。

虽然在这里列举的过程是分立的阶段并且有明确定义的分界面,事实上他们是互相交织、互相作用的。

3.4.8 项目风险管理

电梯安装施工中项目风险管理主要有两块,一是安装收益风险,另一个是安全风险。安装费用管理不当可能造成超支,没有收益对于一个项目的实施实际是失败的。

安全风险主要是工程过程中对安全的管理,尽量杜绝安全事故的发生,包括设备的和人身伤害。

3.5 电梯安装工程管理案例分析

下面对一个工作实例进行案例分析。

3.5.1 项目基本概况

项目名称:重庆国盛·龙腾丰文

安装公司:苏州莱茵电梯

项目经理:金阿宝

项目电梯参数:

额定速度:2.0 m/s

额定载重:1000 kg

层　　站:26 层/26 站的 42 台;28 层/28 站的 3 台;32 层/32 站的 30 台

电梯台数:75 台

现场情况:项目共有 25 幢楼,每幢 3 台,分 A、B、C、D 共 4 个区

工期要求:2010 年 12 月初—2011 年 04 月 18 日完工

3.5.2 前期协调工作

在合同签订前,苏州莱茵电梯公司项目经理金阿宝代表公司与重庆国盛·龙腾丰文甲方、监理、土建总包方等负责人进行了技术沟通会议,下面是此次会议的主要内容:

重庆国盛物业集团公司-龙腾丰文项目现场工作会议纪要

时间:2010 年 05 月 21 日

地点:重庆国盛物业集团公司-龙腾丰文项目指挥部(陈家桥工地会议室)
甲方与会人员:谭总、黄总工程师、吴工(负责水电安装)
乙方与会人员:蒋总、金经理(电梯项目经理)、王工(陈家桥现场留守人员)
会议内容记录:

(1) 本工程工期很紧,计划12月大楼封顶,2011年05月大楼交付,电梯公司要求安装期为3个月。要求甲方协调解决脚手架使用问题。

(2) 关于电梯上的几个技术问题:

① 井底防水问题:吴工表示,3个井底相通,有排水系统,没有倒灌的可能。

② 井底深度:按电梯公司提供的图纸施工,深1.8 m,实际深2.0 m,满足要求。

③ 圈梁:电梯井道有两侧不是剪力墙,是充填墙,每层中间要加圈梁,立即电请设计院定尺寸,圈梁位置初步布置在每层正中间。

④ 顶层高度:图纸上尺寸(大于4.9 m)满足要求。

⑤ 门洞的尺寸:要求按电梯公司提供的图纸施工,特别注意,高度是从地坪的完成面以上2.2 m,从图纸上看有错误,立即电请设计院改图。

⑥ 外呼留洞:按电梯公司图纸施工,双方确认:外呼采用单个布置方式,位置定在每个单元入口走廊较长的一侧。

⑦ 监控:电梯配备五方通话,小区监控将分四个片区,待吴工将具体分区以书面形式告知电梯公司后,由电梯公司将布线要求通知甲方。

⑧ 机房:电梯公司要求甲方在电梯机房交付安装时应完成的工作包括地面留孔、地面找平完成面施工、墙面粉刷等,机房要安装门窗,至少要有效封闭,可以遮风雨并防盗。

⑨ 机房用电:要按国标按时将电缆铺设至机房配电箱内。

⑩ 电梯公司将安排一名技术人员进驻现场,工地尽快安排一间小屋。

经双方协商规定:

① 以后凡一方给另一方提交的设计变更、配合要求、时间安排、会议通知、工作变化、工作投诉等均要求以书面形式传递,口说无凭。

② 紧要的工作可以以电话或口头先通知,以节省时间,但事后必须补上书面文件。

③ 凡一方给另一方分发书面文件,对方必须签收,不得拒收。

为了做好现场协助工作,使电梯工程万无一失,乙方派王工驻陈家桥现场配合甲方有关电梯方面的工作,甲方派谭总作为本工程与乙方的主要联络人。

以上是合同进行前的所有技术协调的一个记录。而后就是由王工负责现场施工中关于电梯尺寸的监督,发现问题随时与厂里和甲方沟通解决。

2010 年 06 月 02 日签订产品合同。

3.5.3 工程过程中的管理工作

3.5.3.1 发运规划

这么大一个项目,不可能同时开始安装,加之到 2010 年 12 月份还有很多大楼没有封顶。为了不耽误电梯安装工期,电梯安装项目负责人金阿宝与甲方协商,进行分批发货和安装,分批情况如下:

第一批:B 区 3#楼、4#楼、8#楼、9#楼、10#楼共计 15 台,发货日期为 2010 年 12 月 17 日;

第二批:A 区 2#楼、3#楼、4#楼、6#楼、8#楼共计 15 台,发货日期为 2011 年 01 月 03 日;

第三批:A 区 5#楼、7#楼;B 区 1#楼、2#楼、5#楼、6#楼、7#楼共计 21 台,发货日期为 2011 年 02 月 15 日;

第四批:A 区 9#楼、10#楼;D 区 1#楼、2#楼、3#楼共计 15 台,发货日期为 2011 年 02 月 25 日;

第五批:A 区 1#楼;C 区 1#楼、2#楼共计 9 台,发货日期为 2011 年 03 月 01 日。

由于春节在 2011 年 02 月 03 日,因此计划在春节前第一批与第二批要将井道内的部件全部安装完毕。

3.5.3.2 安装过程中的管理工作

1. 到货前准备工作

(1) 计划 2010 年 12 月 17 日发第一批货,因此要在发货前,进行现场井道核实,与设计图纸进行比对,如需调整,须及时与甲方和土建方进行协调整改工作。

(2) 由于甲方答应负责整个项目的脚手架搭设,要协调相关人员按电梯安装要求进行搭设。

(3) 与甲方协调临时库房,接货后,来不及安装的货物需放入临时库房。

(4) 做好安装人员进场后的生活安排(如住宿、吃饭问题)。

(5) 准备开工告知资料,进行开工告知工作。

2. 安装工作

(1) 接货清点,入库。

(2) 安排安装。

第一批货是 15 台,同时开工,分别在 5 栋楼中安装,人员分配情况是每 7 人一个队,负责一栋楼的安装工作,具体工作的实施由安装队长负责。

第二批货到达现场时,第一批 15 台电梯的安装主体基本完毕。主要人员调入第二批货的 5 栋大楼施工,留有小部分人员对第一批 15 台电梯进行完善工作。

第二批货也是 15 台,同样分 5 个组,具体工作的实施由安装队长负责。在春节前,前 30 台电梯的主体安装工程完毕。

春节后马上组织安装人员,第三批、第四批组织发货。三月初最后一批货发到现场。为了抢工期,现场安装队增加到 15 支,每队 7 人,同时开工。

现场总体工期由金经理负责,工程质量和安全工作由金经理和王工负责。通过调动全部可以调动的资源,到 2011 年 04 月,厂里组织调试人员去现场调试,4 月底主体工程完毕,进行细部调整,准备工程验收。

(3) 工程中协调。由于双方在合同签订前有协议,所以整个安装工作进行得比较顺利。所有工作过程中的协调问题,都是通过监理会议或联系函的方式进行沟通和解决。

3.5.3.3 后期资料准备、验收与交梯

准备整个项目的资料,约请电梯特检部门对电梯进行整体验收工作。验收日期为 2011 年 05 月 18 日。6 月将电梯交给甲方使用,整个工程完毕,转入维保阶段。

3.5.4 项目工作总结

此次工作,能够在短期将整个项目保质保量顺利完成,项目经理与现场工程人员付出了很大的努力。完善的管理工作和及时的调度协调,保证了质量和工期。同时,这样的工程也锻炼了安装队伍,为公司的发展和成长培养了后备力量。

思考题

1. 电梯安装前期需要与现场相关单位沟通的重要性有哪些?
2. 开工告知需要准备哪些资料?
3. 雨季施工要注意哪些事项?
4. 项目经理的职责有哪些?
5. 事故处理的方法及步骤有哪些?
6. 电梯安装施工管理的方法有哪些?

第4章 电梯工程质量管理

4.1 电梯工程质量的重要性

电梯作为重要的建筑设备，其总装配是在施工现场完成。电梯安装工程质量对于提高工程的整体质量水平和保证今后电梯安全运行都至关重要。

4.1.1 电梯工程质量的概念

电梯工程质量就是电梯安装完毕所表现出来的综合状态，具体体现在电梯的安全性、可靠性、舒适感、振动与噪音等。电梯的安装、调试、维保质量是电梯质量的重要组成部分，也是电梯工程质量管理的重要内容。

4.1.2 电梯工程质量的内容

电梯工程质量包括两个方面的内容，一是安装质量，另一个是工作质量。同时，电梯工程质量体现在很多方面，是各个环节工作质量的综合反映。工程质量的好坏，不仅直接关系到人民生命财产的安全，而且是电梯工程公司生存和发展的生命线。因此，电梯公司不仅要重视施工现场的工程质量，更要抓好各个环节的工作质量，通过提高工作质量来保证工程质量，从而满足客户的要求。

电梯工程质量管理的好坏，直接影响到客户今后使用电梯的反映，同时，会影响后续电梯工程合同。

4.2 电梯工程质量管理体系的建设

4.2.1 电梯工程质量保证体系的结构

工程质量体系中体现的是电梯的服务质量。工程质量必须具备适用、安全、经济的要求。为了确保电梯工程质量,公司必须健全电梯工程质量管理体系,包括思想、组织、过程、教育、信息五个子系统。

(1) 思想子体系。

电梯公司的员工必须牢固树立"质量第一,顾客至上"的思想,"以质量求生存、谋发展"的思想。

(2) 组织子体系。

工程组织分工明细、责任分清,做到质量工作事事有人管,人人有责任,办事有程序,检查有标准,目的是达到预期质量目标。

(3) 过程子体系。

对于电梯工程来讲,过程子体系的有效运行,是电梯工程质量保证体系的关键。任何事情都有过程,而过程的质量控制无疑特别重要,也是影响整个工程质量的核心环节。

(4) 教育子体系。

质量教育主要是通过对员工在质量管理的思想、理论、方法和技能方面的教育与培训,最终达到全员质量管理水平的提高,更好地服务于客户。

(5) 信息子体系。

质量信息是质量管理活动的重要依据,也是电梯公司生产经营中的一种资源和财富。质量信息包括公司外部和公司内部的产品质量信息和工作质量信息,开展质量信息工作就是要抓好公司内外质量信息的收集、分析、处理和反馈信息。

为了充分发挥质量信息的作用,确保质量保证体系有效的运行,公司按照及时、准确、适用、经济的要求,建立高效灵活的质量信息管理系统,开展对质量信息的收集、整理、归纳、审核、汇总和查询等工作,为提高工程质量服务。

4.2.2 电梯工程质量管理的基本内容

电梯工程质量管理的基本内容包括从井道勘测、工程施工、检查验收到交付使用后的维修保养的全部质量管理工作。电梯工程质量管理是电梯公司质量管理体系中的重要环节。

(1) 辅助过程的质量管理。

这个过程的质量管理主要包括项目工程投标前期及投标过程中的工程质量方面的参与与配合。如提供与解释工程质量标准及工程过程中涉及质量问题的一系列事宜。

(2) 施工过程质量管理。

施工过程质量管理主要包括土建勘测、施工质量检查与控制、工程自检、验收等。

(3) 电梯工程质量管理的过程方法。实际就是"PDCA"方法。

① 计划，即 Plan，接到工程，有一个总体的计划，做一个方案。

② 实施，即 Do，电梯工程的安装需按计划进行有序执行，将工作落实到位。

③ 检查，即 Check，对工程的计划实施与执行结果进行严格检查和考核，把好质量关。

④ 处理，即 Action，总结经验教训，巩固成绩，整理并提出进一步改进、提高的措施，让整体工作更加完善。

(4) 施工现场电梯工程质量管理的重点。

电梯施工现场工程质量管理的重点是做好质量控制、质量检查、质量分析和质量评定工作。

① 质量控制。质量控制主要是抓住重点工序，严格按照质量标准执行。

② 质量检查。防止不合格环节影响下一道工序，做好自检、互检、交接检验、专职检验。

③ 质量分析。将质量记录进行汇总分析，找出质量变动原因，提出改进措施。

④ 质量评定。现场负责人和质量检验员严把质量关，做好质量评定工作，促进工程质量水平不断提高。

(5) 不断提高现场施工质量管理。

提高质量管理主要从以下几方面着手完善：

① 高度标准化工作。

② 加强计量工作。

③ 做好质量信息工作。

④ 安全文明施工。

4.2.3 影响电梯工程质量的主要因素

施工过程中存在着各种各样的因素可能会影响到工程总体质量，归结起来主要有以下几点。

1. 操作人员的素质

操作人员的素质主要包括质量意识、责任感、技术水平、操作熟练程度等。公司要提高整体素质，首要是要提高员工素质，进行有效的质量培训教育，为提高工程质量在思想认识等方面打好基础。

2. 管理方法

管理方法包括施工方法、工艺方法、质量控制、检验分析等管理工作。整个工程的成败主要取决于管理方法是否得当。加强管理层的学习和培训，用科学的管理方法，赢得质量上的优势。

3. 材料的质量

材料的质量是指工程中所用的货物、配件、原材料的质量。关键部件的质量,如承重梁等,一旦发生质量事故,可能会造成人身伤害及财产损失。

4. 机器设备的质量

机器设备的质量是指电梯设备、工艺设备和施工有关的机械工具的质量。电梯设备质量直接影响整个电梯的最终质量,而工艺设备及施工工具的质量影响到安装的精度,需进行定期检查和维护工作,使其保持完好的使用状态。

5. 检测手段

检测手段主要是指检验测量的器具以及测试仪表的质量。在电梯工程质量管理过程中,检测工具的误差,常常是工程质量产生问题的原因,而这种误差往往难以发现。因此,检测器具要做好定期检修与校准工作,使之保有良好的精度和性能。

6. 环境因素

环境因素包括施工现场的温度、湿度、劳动环境、资源供应等方面的因素。为确保安装工程整体质量,要因环境的不同,做好预防处理措施,保证工程的顺利进行。比如,在不同的季节施工,要根据不同的气候条件和环境,采取相应的措施来避免其对工程质量的影响。

4.2.4 电梯工程质量管理责任制

电梯工程质量责任制是把工程质量的责任、任务和权力,用制度的形式加以明确,落实到人,真正做到事事有人问。

1. 项目工程部门质量管理职责

(1)认真编写施工组织方案,严格按照标准、规程组织施工。

(2)坚持按施工程序办事,正确处理进度和质量的关系,克服忽视工程质量的倾向。

(3)经常检查和督促质量措施计划的执行,对不合格项和质量事故应及时处理。

(4)定期检查施工机具、仪器的良好状态和精度,消除隐患。

(5)参加有关质量检查和质量分析会议。

2. 各级工程负责人质量管理责任制

将工程质量管理的责任落实到每个人头上,这样才能让工程质量管理更具有时效性和可操作性。

(1)总经理工程质量管理责任制。总经理负责全公司所有项目总体工程质量的把关工作,掌握好公司的工程质量管理的方针和目标。

(2)总工工程质量管理责任制。总工负责工程中所有技术工作的质量管控,对工程技术质量的总体把关。

(3)安全和质量部长工程质量管理责任制。安全和质量部长负责所管辖下的所有项目的工程质量的监督和巡查工作。

（4）项目经理工程质量责任制。项目经理对所直接负责的项目进行一线质量的把关工作，同时对于出现影响工程质量的现象予以纠正，必要时需要工作总经理和总工进行工程质量的汇报。

（5）班组长工程质量责任制。班组长负责一线施工组织和带队，掌握一线工程施工的整个过程，对整个工程的质量负责。

3．公司全员工程质量责任制

让每个员工有质量意识，树立"质量第一"的思想，用规范去约束和提醒他们的责任。

4.3 电梯工程过程质量控制

4.3.1 样板安装及基准线放设

4.3.1.1 质量标准

1．主控项目

（1）基准线尺寸必须符合图纸要求，各线偏差不应大于 0.3 mm。

检查方法：尺量检查。

（2）基准线必须保证垂直。

检查方法：吊线、尺量检查。

2．一般项目

（1）样板架水平偏差不得大于 3/1000。

（2）并列电梯、厅门中心距偏差不得超过 20 mm。

（3）相对电梯、厅门中心线偏差不得超过 20 mm。

4.3.1.2 应注意的质量问题

（1）确定轿厢导轨基准线时，应先复核图纸尺寸与实物尺寸两者是否一致。不一致时应以实物尺寸为依据，并通过有关部门核验。

（2）每次作业前，均应复查一次基准线，确认无移位，与其他物体不接触后，方可作业。

（3）如果在挂放铅垂线时发现井道偏斜较大时，则应根据实际情况，在保证运动部件距井道壁间距不小于 30 mm 的前提下，将上、下样板架做适当移位补偿，并注意照顾多数，尽量减少剔凿作业，但上、下样板架任意方向的水平偏差不应大于 1 mm。

（4）对钢门套及大理石门套的电梯，应根据门套及土建施工尺寸，确定厅门位置，使门套与墙面尽量平行一致，要考虑门套口与厅门边间隙不宜过大，不要剔墙过多。

注意：上、下样板一旦放妥，就必须立刻固定，并不得堆放重物及蹬踏。

4.3.2 导轨支架和导轨安装

4.3.2.1 质量标准

1. 主控项目

（1）导轨安装牢固，相对内表面间距离的偏差和两导轨的相互偏差必须符合表 4-1 的要求。

表 4-1 轨距偏差和导轨的相互偏差

项 次	项 目	检验方法	允许偏差(mm)	备注
0	两导轨相对	尺量检查	0～+1	
1	内表面间距	尺量检查	0～+2	

（2）当对重（或轿厢）将缓冲器完全压缩时，轿厢（或对重）导轨长度必须有不小于 $0.1+0.035V^2$（以米表示）的进一步制导行程。

检验方法：尺量检查。

2. 一般项目

导轨支架应安装牢固，位置正确，横竖端正。焊接时，双面焊牢，焊缝饱满，焊波均匀。

检验方法：观察检查。

4.3.2.2 应注意的质量问题

（1）用混凝土灌注的导轨支架若有松动的，要剔出来，按前述的方法重新灌注，不可在原有基础上修补。

（2）用膨胀螺栓固定的导轨支架若松动，要向上或向下改变导轨支架的位置，重新打膨胀螺栓进行安装。

（3）焊接的导轨支架要一次焊接成功，不可在调整轨道后再补焊，以防影响调整精度。

（4）组合式导轨支架在导轨调整完毕后，须将其连接部分点焊，以防位移。

（5）固定导轨用的压道板、紧固螺栓一定要和导轨配套使用。不允许采用焊接的方法或直接用螺栓固定（不用压道板）的方法将导轨固定在导轨支架上。

（6）调整导轨时，为了保证调整精度，要在导轨支架处及相邻的两导轨支架中间的导轨处设置测量点。

（7）冬季不宜用混凝土灌注导轨支架的方法安装导架支架。在砖结构井壁剔凿导轨支架孔洞时，要注意不可破坏墙体。

（8）与电梯安装相关的预埋铁、金属构架及其焊口，均应做好清除焊药、除锈防腐工作，不得遗漏。

（9）电梯导轨严禁焊接，不允许用气焊切割。

(10) 每部电梯的对重及轿厢的导轨尺寸均要经监理检查后才能使用。

4.3.3 对重安装

4.3.3.1 质量标准

1. 主控项目

上、下导靴应在同一垂直线上,不允许有歪斜、偏扭现象。

2. 一般项目

导靴组装应符合以下规定:

(1) 采用刚性结构,能保证对重正常运行,且两导轨端面与两导靴内表面间隙之和不大于 2.5 mm。

(2) 采用弹性结构,能保证对重正常运行,且导轨端面与导靴滑块面无间隙,导靴弹簧的伸缩范围不大于 4 mm。

(3) 采用滚轮导靴,滚轮对导轨不歪斜,压力均匀,中心一致,且在整个轮缘宽度上与导轨工作面均匀接触。

检验方法:观察和尺量检查。

4.3.3.2 应注意的质量问题

(1) 导靴安装调整后,所有螺栓一定要紧牢防松。

(2) 若发现个别的螺孔位置不符合安装要求,要及时解决,绝不允许漏装。

(3) 吊装对重过程中,不要碰基准线,以免影响安装精度。

(4) 对重下撞板处应加装补偿墩 2~3 个,当电梯的曳引绳伸长时,以使调整其缓冲距离符合规范要求。

(5) 所有锁紧螺母均要锁紧。

(6) 需穿销钉的部位,均要配齐,不得以小替大,也不得用螺栓代替。

4.3.4 轿厢安装

4.3.4.1 质量标准

1. 主控项目

(1) 轿厢地坎与各层地坎间距的偏差均严禁超过 +30 mm。

检验方法:尺量检查。

(2) 开门刀与各层厅门地坎以及各层门开门装置的滚轮与轿厢地坎间的间隙均必须在 5~10 mm 范围以内。

检验方法:尺量检查。

2. 一般项目

(1) 轿厢组装牢固、轿壁结合处平整,开门侧壁的垂直底偏差不大于 1/1000。轿厢洁净、无损伤。

检验方法：观察和吊线、尺量检查。

(2) 导靴组装应符合下列规定：

A. 刚性结构：能保证电梯正常运行，且轿厢两导轨端面与两导靴内表面间隙之和为 1.5～2.5 mm。

B. 弹性结构：能保证电梯正常运行，且导轨顶面与导靴滑块面无间隙，导靴弹簧的伸缩范围不大于 4 mm。

C. 滚轮导靴：滚轮导靴不歪斜，压力均匀；说明书有规定者按规定调整，中心接近一致，且在整个轮缘宽度上与导轨工作面均匀接触。

检验方法：观察和尺量检查。

(3) 门扇平整、洁净、无损伤。启闭轻快、平稳。中分式门关闭时，上、下部同时合拢，门缝一致。

检验方法：做启闭观察检查。

(4) 安全钳楔块面与导轨侧面间隙应为 3～4 mm，各间隙最大差值不大于 0.3 mm。如厂家有要求时，应按产品要求进行调整。

检验方法：用塞尺或专用工具检查。

(5) 安全钳钳口（老虎嘴）与导轨顶面间隙不小于 3 mm，间隙差值不大于 0.5 mm。

检验力法：用塞尺或专用工具检查。

(6) 检查超载开关应在电梯额定载重量 110% 时动作，满载开关应在电梯额定载重量时动作。

检验方法：实验检查。

4.3.4.2 应注意的质量问题

(1) 安装立柱时应使其自然垂直，达不到要求时，要在上、下梁和立柱间加垫片。进行调整，不可强行安装。

(2) 轿厢底盘调整水平后，轿厢底盘与底盘座之间，底盘座与下梁之间的各连接处都要接触严密，若有缝隙要用垫片垫实，不可使斜拉杆过分受力。

(3) 斜拉杆一定要上双母拧紧，轿厢各连接螺栓必须紧固、垫圈齐全。

(4) 吊轿厢用的吊索钢丝绳与钢丝绳轧头的规格必须互相匹配，轧头压板应装在钢丝绳受力的一边，对 $\phi 16$ mm 以下的钢丝绳，所使用的钢丝绳轧头应不少于 3 只，被夹绳的长度应大于钢丝绳直径的 15 倍，且最短长度不小于 300 mm，每个轧头间的间距应大于钢丝绳直径的 6 倍。而且只准将两根相同规格的钢丝绳用轧头轧住，严禁 3 根或不同规格的钢丝绳用轧头轧在一起。

(5) 在轿厢对重全部装好，并用曳引钢丝绳挂在曳引轮上，将要拆除上端站所架设的支承轿厢的横梁和对重的支撑之前，一定要先将限速器、限速器钢丝绳、张紧装置、安全钳拉杆、安全钳开关等装接完成，才能拆除支承横梁，这样做，万一出现电梯失控打滑现象时，安全钳起作用将轿厢轧住在导轨上，而不发生坠落的危险。

(6) 在安装轿厢过程中,如需将轿厢整体吊起后用倒链悬空或停滞较长时间,这是很不安全的。正确的做法是用两根钢丝绳作保险用,这种钢丝绳应做有绳头,使用时配以卸扣,使轿厢重量完全由两根保险钢丝绳承载,这时应松去倒链的链条,使倒链完全呈现不承担载荷的状态。

(7) 安装轿顶时,特别要注意轿顶通风机的外壳,不得压重物或蹬踏,以免使通风机外壳变形,或损坏通风机。

(8) 每股钢丝绳的锁紧螺母均要逐个检查,看是否均已锁紧。

4.3.5 厅门安装

4.3.5.1 质量标准

主控项目及一般项目:

(1) 轿厢地坎与各层厅门地坎间距离的偏差均严禁超过+3 mm。

检验方法:尺量检查。

(2) 开门刀与各层厅门地坎及各层厅门开门装置的滚轮与轿厢地坎间的间隙均须在 5~10 mm 范围以内,开门刀两侧与门锁滚轮间隙为 3 mm。

检验方法:尺量检查。

(3) 厅门上滑道外侧垂直面与地坎槽内侧垂直面的距离,应符合图纸要求,在上滑道两端和中间三点吊线测量相对偏差均应不大于±1 mm。上滑道与地坎的平行度误差应不大于 1 mm。导轨本身的不铅垂度应不大于 0.5 mm。

检查方法:吊线、尺量检查。

(4) 厅门扇垂直度偏差不大于 2 mm,门缝下口扒开量不大于 10 mm,门轮偏心轮对滑道间隙不大于 0.5 mm。

检查方法:吊线、尺量检查。

(5) 门扇安装、调整应达到:门扇平整、洁净、无损伤。启闭轻快、平稳。中分门关闭时上下部同时合拢,门缝一致。

(6) 厅门框架立柱的垂直误差和上滑道的水平度误差均不应超过 1/1000。

检验方法:做启闭观察检查。

(7) 厅门关好后,机锁应立即将门锁住,锁紧件啮合长度至少为 7 mm。应由重力弹簧或永久磁铁来产生并保持锁紧动作,而不得由于该装置的功能失效,造成层门锁紧装置开启。厅门外不可将门扒开,可借助于紧急开锁的钥匙开启厅门。每一扇厅门必须认真检查。

检验方法:尺量和观察检。

(8) 厅门关好后,门锁导电座与触点接触必须良好。如门锁固定螺栓孔为可调者,门锁安装调整后,必须加定位螺丝加以固定。

检验方法:观察检查。

(9) 厅门门扇下端与地坎面的间隙为(6±2)mm。门套与厅门的间距为(6±2)mm。住宅梯间距为(5±2)mm。

检验方法:尺量检查。

4.3.5.2 应注意的质量问题

(1) 固定钢门套时,要焊在门套的加强筋上,不可在门套上随意焊接。

(2) 所有焊接连接和膨胀螺栓固定的部件一定要牢固可靠。砖墙上不准用膨胀螺栓固定。

(3) 凡是需埋入混凝土中的部件,一定要经有关部门检查办理隐蔽工程手续后,才能浇灌混凝土。不准在空心砖或泡沫砖墙上用灌注混凝土方法固定。

(4) 厅门各部件若有损坏、变形的,要及时修理或更换,合格后方可使用。

(5) 厅门与井道固定的可调式连接件,在厅门调好后,应将连接件长孔处的垫圈点焊固定,以防位移。

(6) 必要部件防腐处理。

(7) 在厅门锁紧状态下,拨动厅门,门锁导电座与触点应有足够的接触宽度。

(8) 门锁开启时,阻力太大或开启太费力是不合格的。

4.3.6 机房机械设备安装

4.3.6.1 质量标准

1. 主控项目

(1) 曳引机承重钢梁的两端必须放于井道承重梁或墙上。承重钢梁端应超过墙中心 20 mm,伸入墙内长度最少要保证 75 mm。

检验方法:观察检查或检查安装记录。

承重钢梁水平误差不超过 1/1000,横向水平误差小于 0.5 mm,距中心线误差小于 6 mm,相互水平误差小于 1 mm。

检验方法:水平尺、尺量检查。

(2) 轿厢空载时,曳引轮的垂直度偏差±0.5 mm,导向轮端面与曳引轮端面的平行度偏差小于 1 mm。

(3) 限速器绳轮、钢带轮、导向轮安装必须牢固,转动灵活,其垂直度偏差小于 0.5 mm。

检验方法:观察和吊线、尺量检查。

2. 一般项目

(1) 曳引机底座水平误差均应在 1/1000 以下。

(2) 设备直接在承重梁上安装时,要测量好螺栓孔位置,用电钻钻孔,孔径不大于螺栓直径 1 mm,不得有损伤钢梁主筋情况。

(3) 制动器闸瓦应紧密地合于制动轮的工作面上,松闸时间隙均匀,且不大于 0.7 mm。

检验方法:观察和用塞尺检查。

(4) 通过曳引轮(或导向轮)中心线切点的垂线和通过轿厢中心的垂线偏差 0～1 mm。

检验方法:吊线、尺量检查。

(5) 轿厢安全钳拉杆侧的限速轮槽中心、轿厢拉杆头中心、张紧轮绳槽中心在同一垂线上,其偏差不应超过 5 mm,限速轮另一边绳槽中心与张紧轮另一边绳槽中心应在同一垂线上,最大偏差不应超过 15 mm。

(6) 钢带轮、轿厢固定点、张紧轮三者位置偏差 0～1 mm。

(7) 在电梯正常运行时,传动钢丝绳不应触及夹绳制动块,且不应有死弯及断丝现象。

(8) 在曳引机盘车手轮、曳引轮、限速器轮处应有明显标出轿厢升降方向的标志。

4.3.6.2 应注意的质量问题

(1) 凡是要浇灌混凝土内的部件,在浇灌混凝土之前要经质检人员检查,当符合要求,经检验者签字后,才能进行下一道工序。

(2) 曳引机在调试中,发现有异常现象,需拆开检修调整,首先应由厂家来人检查处理,如经厂家同意,要由技术部门有经验的钳工按有关规定操作。

(3) 限速器的整定值已由厂家调整好,现场施工不能调整。若机件有损坏或运行不正常,需送到厂家检验调整或者更换。

(4) 在安装过程中,应始终使承重钢梁上下翼缘和腹板同时受垂直方向的弯曲载荷,而不允许其侧向受水平方向的弯曲载荷,以免产生变形。

(5) 曳引轮、飞轮(惯性轮)、限速器轮外侧面应漆成黄色,制动器手动松闸扳手应漆成红色,并挂在易接近的墙上。

4.3.7 井道机械设备安装

4.3.7.1 质量标准

1. 主控项目

(1) 限速器绳张紧装置及钢带张紧装置的安全开关,补偿装置导轨上、下端的限位开关固定必须可靠。

检验方法:观察检查。

(2) 以上安全开关及限位开关的安装位置必须正确,以保证在下列情况时开关可靠动作,并使电梯立即停止运行。

① 选层器钢带折断、松弛造成张紧轮下落大于 50 mm 时;

② 限速绳张紧装置下落大于 50 mm 时;

③ 补偿轮在非正常位置时。

检验方法:实际操作和模拟检查。

(3)安全开关、限位开关在其动作时,不能造成自身的损坏或接点接地、短路等现象。

检验方法:模拟操作和检查。

(4)补偿绳(链)、限速绳、钢带、曳引绳、随行电缆及其他运动部件在运行中严禁与其他任何部位碰撞或摩擦。井道内的对重装置、轿厢地坎及门滑道的端部与井壁的安全距离严禁小于 20 mm。

2. 一般项目

限速绳张紧装置、钢带张紧装置应有足够的重量,以保证将钢绳或钢带拉直,防止误动作。限速绳张紧装置的重量不应小于 30 kg;钢带张紧装置的重量视钢带情况而定,以能使钢带绷直为宜(不要过重,以防损伤钢带)。

4.3.7.2 应注意的质量问题

(1)浇灌缓冲器底座混凝土标号及外形尺寸应符合设计要求。

(2)限速器断绳开关、钢带张紧装置的断带开关、补偿绳轮的限位开关的功能可靠。

(3)限速器绳要无断丝、锈蚀、油污或死弯现象,限速器绳径要与夹绳制动块间距相对应。

(4)钢带不能有折迹和锈蚀现象。

(5)补偿链环不能有开焊现象;应自然下垂,不得有拧麻花现象。补偿绳不能有断丝、锈蚀等现象。

(6)当修理曳引绳头,需将轿厢吊起时,应注意松去补偿钢丝绳的张紧装置,否则易发生倒拉现象,甚至拉断倒链造成轿厢坠落的严重事故。

(7)油压缓冲器在使用前一定要按要求加油,油路应畅通,并检查有无渗油情况及油号应符合产品要求,以保证其功能可靠。还应设置在缓冲器被压缩而未复位时使电梯不能运行的电气安全开关。

4.3.8 钢丝绳安装

4.3.8.1 质量标准

1. 主控项目

钢丝绳应擦拭干净,严禁有死弯、松股、锈蚀、断丝现象。

检验方法:观察检查。

2. 一般项目

各钢丝绳的张力相互差值不大于5%。

检验方法:轿厢在井道的 3/4 处,用 100~150 N 约 10~15 kg 的弹簧秤在轿厢上拉出同等距离,其相互的张力差值不得超过5%。

绳头钨金浇灌密实、饱满、平整一致。一次与锥套浇平,并能观察到绳股的弯曲符合要求。

检验方法:观察检查。

4.3.8.2 应注意的质量问题

(1) 断绳时不可使用电气焊,以免破坏钢丝绳强度。在作绳头需去掉麻芯时,应用锯条锯断或用刀割断,不得用火烧断。

(2) 断绳时应注意扣除钢绳悬挂轿厢和对重自重负载会使钢绳产生的伸长,这与钢绳的弹性系数、钢丝的截面之和、钢绳长度和钢绳所受载荷有关,一般可按伸长量为钢绳总长度的 2‰~4‰ 计算。

(3) 安装悬挂钢丝绳前一定要使钢丝绳自然悬垂于井道,消除其内应力。

(4) 曳引钢绳应在曳引机座上平面处用黄漆在钢绳四周作出平层标记,用编码法准确地表示出轿厢在各层的平层位置。

(5) 在绳头浇注巴氏合金前,要检查钢丝是否弯曲一致,是否清洗干净(不得带油污)。

(6) 曳引钢绳严禁涂润滑油。

4.3.9 电气装置安装

4.3.9.1 质量标准

1. 主控项目

(1) 各种安全保护开关的固定必须可靠,且不得采用焊接。

检验方法:观察检查。

(2) 在下列情况时,该开关必须可靠动作,电梯立即停止运行:

① 选层器钢带(钢绳、链条)松弛或张紧轮下落大于 50 mm;

② 限速器夹住钢绳,轿厢上安全钳拉杆动作时;

③ 限速器张紧轮下落大于 50 mm 时;

④ 电梯超速达到限速器动作速度 95% 时;

⑤ 电梯超过额定载重量的 10% 时;

⑥ 任一层门、轿门未关闭或锁紧时;

⑦ 轿厢安全窗(门)未正常关闭时。

检验方法:实际操作和模拟检查。

(3) 急停、检修、程序转换等开关、按钮的动作必须灵活可靠。

检验方法:实际操作检查。

(4) 极限、限位、缓速装置的安装位置正确,功能必须可靠,开关安装牢固。

检验方法:观察和实际运行检查。

(5) 轿厢自动门安全触板、光电保护、关门力限制等必须灵活可靠。

检验方法:在轿门关闭过程中,用轻推触板、遮挡光线、测力计等方法检查。

(6) 电梯的供电电源线必须单独敷设。

检验方法:观察检查。

(7) 电气设备和配线的绝缘电阻值必须大于 0.5 MΩ。

检验方法:实测检查或检查安装记录。

(8) 保护接地(接零)系统必须良好,电气设备的金属外壳有良好的保护接地(接零)。电线管、槽及箱、盒连接处的跨接地线必须紧密牢固、无遗漏。

检验方法:观察检查和检查安装记录。

(9) 电梯的随行电缆必须绑扎牢固、排列整齐、无扭曲,其敷设长度必须保证轿厢在极限位置时不受力、不拖地。

检验方法:观察检查。

2. 一般项目

(1) 机房内的配电、控制屏、柜、盘的安装应布局合理,横竖端正,整齐美观。

检验方法:观察检查。

(2) 配电盘、柜、箱、盒及设备配线应连接牢固,接触良好,包扎紧密,绝缘可靠,标志清楚,绑扎整齐美观。

检验方法:观察检查。

(3) 电线管、槽安装应牢固,无损伤,布局走向合理,出线口准确,槽盖齐全平整,与箱、盒及设备连接正确。

检验方法:观察检查。

(4) 电气装置的附属构架,电线管、槽等非带电金属部分的防腐处理应涂漆均匀、无遗漏。

检验方法:观察检查。

4.3.9.2 应注意的质量问题

(1) 安装墙内、地面内的电线管、槽,安装后要经有关部门验收合格,且有验收签证后才能隐蔽墙内或地面内。

(2) 线槽箱盒等不允许用电气焊切割或开孔。

(3) 对于易受外部信号干扰的电子线路,应有防干扰措施。

(4) 电线管、槽及箱、盒连接处的跨接地线不可遗漏,若使用铜线跨接时,连接螺丝必须加弹簧垫。各接地线应分别直接接到专用接地端子上,不得串接后再接地。

(5) 随行电缆敷设前必须悬挂松劲后,方可固定。

(6) 各安全保护开关应固定可靠,安装后不得因电梯正常运行的碰撞或因钢绳、钢带、电缆、皮带等正常的摆动,而使其开关产生位移、损坏和误动作。

4.3.10 调整试验、试运行

4.3.10.1 质量标准

1. 主控项目

(1) 各种电气部件定位准确、动作有效。

检验方法:观察检查。

(2) 电梯机械部件严格按照电梯验收的要求调整到位。

检验方法:测量检查。

2. 一般项目

(1) 机房、井道(包括底坑)应没有垃圾。

检验方法:观察检查。

(2) 电梯机房与门口多余孔洞要安全封闭。

检验方法:观察检查。

4.3.10.2 应注意的质量问题

(1) 电梯的调试工作应按照产品图纸、调试说明及有关资料的要求进行。调试中不可随意更改线路或盲目调整可调元件,以免造成意外损失。

(2) 更换控制柜内熔断保险时,应注意其额定电流与回路的额定电流要相符。对电动机回路,熔断器的电流应为电动机额定电流的2.5~3倍。

(3) 可调管形电阻器的电阻丝较细,调整卡子的夹紧力要适当,否则会压断电阻丝使线路失灵,凡是与可调管形电阻有关的线路发生故障时,都应考虑到电阻丝被压断的可能。

(4) 当与电解电容有关的回路不正常时,应注意检查电容外观是否有膨胀、电解液外漏、防爆阀已动作及异常发热现象,必要时检查其容量是否下降、有无击穿等。

(5) 接触器、继电器的质量不良将会造成电梯运行故障。为保证吸合接触良好和断电释放可靠,其触头应用银合金制成,铁芯接触面不得有油污,断电不应有剩磁,当短路环断裂或铁芯接触不良时将会产生明显的噪音和振动。

(6) 如电梯运行抖动现象与机械系统无关时,应注意检查测速发电机的电枢是否有断路或短路、接线是否松动、绕组有无断线等现象。

(7) 当电梯采用微机控制时,必须注意线路板上有些电子元器件易受静电击穿损坏。不能用手随便接触这些电子元器件,当需取放线路板时,首先使身体接触接地金属导体进行放电。取下的线路板应放在导电乙烯膜、铝箔或白铁板等可导电的材料上,在存放线路板时亦应如此,防止电子器件静电击穿损坏。

(8) 电梯的脉冲线路、光电线路、传感器及有关接口线路等,均需按要求使用金属屏蔽线,并做好接地处理,避免干扰信号发生。如有光纤电缆线路时,要注意光纤电缆比一般导线脆弱,不能踩踏或大力拉伸;弯曲半径应大于15 mm;如光纤电缆较长时,可盘一个直径约200 mm的圈,再用绝缘带固定;在线槽内敷设的光纤电缆要加强保护,在控制柜内可用绝缘带或电缆卡子固定。

(9) 在电梯调整试验的全过程中,每项工作均应按规定填写测试记录或调试报告,并满足工程项目建设所在地建筑安装工程技术资料管理部门规定的有关要求。

(10) 电梯的调整试验工作是电梯安装的最后一道工序。在调试中如发现电梯的某设备或某零部件不合格,应及时找制造厂商更换;如安装调试不合格,则应重新予以认真调试,直到合格为止。

电梯质量验收由专业的国家电梯检验机构来完成,也是对整个工程安装质量的一个综合考试。

4.4 电梯质量验收

4.4.1 电梯验收应具备的条件

验收电梯的工作条件应符合 GB/T 10058—2009《电梯技术条件》的规定。

4.4.1.1 提交验收的电梯应具备完整的资料和文件

1. 制造企业应提供的资料和文件

(1) 制造许可证明文件,范围能够覆盖所提供电梯的相应参数;

(2) 电梯整机型式试验合格证书或者报告书,内容可以覆盖所提供电梯的相应参数;

(3) 装箱单;

(4) 产品出厂合格质量证明文件;

(5) 机房井道布置图;

(6) 电梯安装说明书;

(7) 电梯使用维护说明书(应含日常保养和应急救援等方面的操作说明的内容);

(8) 电气原理图和敷线图;

(9) 安全部件:门锁装置、限速器、安全钳、上行超速保护装置及缓冲器型式试验报告结论副本,其中限速器与渐进式安全钳还须有调试证书副本。

2. 安装企业应提供的资料和文件

(1) 安装许可证和安装告知书,许可证范围能够覆盖所施工电梯的相应参数;

(2) 施工方案,审批手续齐全;

(3) 施工人员持有的操作证;

(4) 施工过程记录和自检报告;

(5) 由电梯使用单位提出的经制造企业同意的变更设计的证明文件(如有);

(6) 安装质量证明文件。

4.4.1.2 安装完毕的电梯及其环境应清理干净

机房门窗应防风雨,并标有"机房重地,闲人免进"字样。通向机房的通道应畅通、安全,底坑应无杂物、积水与油污。机房、井道与底坑均不应有与电梯无关的其他设置。

4.4.1.3 电梯各机械活动部位应按说明书要求加注润滑油

各安全装置安装齐全、位置正确,功能有效,能可靠地保证电梯安全运行。

4.4.1.4 电梯验收人员必须熟悉所验收的电梯产品和本标准规定的检验方法和要求

4.4.1.5 验收用检验器具与试验载荷应符合 GB/T 10059—2009《电梯试验方法》规定的精度要求,并均在计量检定周期内

4.4.2 检验项目及检验要求

4.4.2.1 机房

(1) 每台电梯应单设有一个切断该电梯的主电源开关,该开关位置应能从机房入口处方便迅速地接近,如几台电梯共用同一机房,各台电梯主电源开关应易于识别。其容量应能切断电梯正常使用情况下的最大电流,但该开关不应切断下列供电电路:

① 轿厢照明和通风;
② 机房和滑轮间照明;
③ 机房内电源插座;
④ 轿顶与底坑的电源插座;
⑤ 电梯井道照明;
⑥ 报警装置。

(2) 每台电梯应配备供电系统断相、错相保护装置,该装置在电梯运行中断相也应起保护作用。

(3) 电梯动力与控制线路应分离敷设,从进机房电源起零线和接地线应始终分开,接地线的颜色为黄绿双色绝缘电线,除 36 V 以下安全电压外的电气设备金属罩壳均应设有易于识别的接地端,且应有良好的接地。接地线应分别直接接至接地线柱上,不得互相串接后再接地。

(4) 线管、线槽的敷设应平直、整齐、牢固。线槽内导线总面积不大于槽净面积 60%;线管内导线总面积不大于管内净面积 40%;软管固定间距不大于 1 m,端头固定间距不大于 0.1 m。

(5) 控制柜、屏的安装位置应符合:

① 深度,从屏、柜的外表面测量时不小于 0.70 m;
② 宽度,为 0.50 m 或屏、柜的全宽中取大者。

(6) 机房内钢丝绳与楼板孔洞每边间隙均应为 20~40 mm,通向井道的孔洞四周应筑一高 50 mm 以上的台阶。

(7) 曳引机承重梁如需埋入承重墙内,则支承长度应超过墙厚中心 20 mm,且不应小于 75 mm。

(8) 在电动机或飞轮上应有与轿厢升降方向相对应的标志。曳引轮、飞轮、限速器轮外侧面应漆成黄色。制动器手动松闸扳手漆成红色,并挂在易接近的墙上。

(9) 曳引机应有适量润滑油。油标应齐全,油位显示应清晰,限速器各活动润滑部位

也应有可靠润滑。

(10) 制动器动作灵活,制动时两侧闸瓦应紧密、均匀地贴合在制动轮的工作面上,松闸时应同步离开,其四角处间隙平均值两侧各不大于0.7 mm。

(11) 限速器绳轮、选层器钢带轮对铅垂线的偏差均不大于0.5 mm,曳引轮、导向轮对铅垂线的偏差在空载或满载工况下均不大于2 mm。

(12) 限速器运转应平稳,出厂时动作速度整定封记应完好无拆动痕迹,限速器安装位置正确,底座牢固,当与安全钳联动时无颤动现象。

(13) 停电或电气系统发生故障时应有轿厢慢速移动措施,如用手动紧急操作装置,应能用松闸扳手松开制动器,并需用一个持续力去保持其松开状态。

4.4.2.2 井道

(1) 每根导轨至少应有两个导轨支架,其间距不大于2.5 m,特殊情况,应有措施保证导轨安装满足 GB 7588—2003 规定的弯曲强度要求。导轨支架水平度不大于1.5%,导轨支架的地脚螺栓或支架直接埋入墙的埋入深度不应小于120 mm。如果用焊接支架其焊缝应是连续的,并应双面焊牢。

(2) 当电梯冲顶时,导靴不应越出导轨。

(3) 每列导轨工作面(包括侧面与顶面)对安装基准线每5 m的偏差均应不大于下列数值:轿厢导轨和设有安全钳的对重导轨为0.6 mm;不设安全钳的T型对重导轨为1.0 mm。

在有安装基准线时,每列导轨应相对基准线整列检测,取最大偏差值。电梯安装完成后检验导轨时,可对每5 m铅垂线分段连续检测(至少测3次),取测量值间的相对最大偏差应不大于上述规定值的2倍。

(4) 轿厢导轨和设有安全钳的对重导轨工作面接头处不应有连续缝隙,且局部缝隙不大于0.5 mm,导轨接头处台阶用直线度为0.01/300的平直尺或其他工具测量,应不大于0.05 mm,如超过应修平,修光长度为150 mm以上,不设安全钳的对重导轨接头处缝隙不得大于1 mm,导轨工作面接头处台阶应不大于0.15 mm,如超差亦应校正。

(5) 两列导轨顶面间的距离偏差:轿厢导轨为0~+2 mm,对重导轨为0~+3 mm。

(6) 导轨应用压板固定在导轨架上,不应采用焊接或螺栓直接连接。

(7) 轿厢导轨与设有安全钳的对重导轨的下端应支承在地面坚固的导轨座上。

(8) 对重块应可靠紧固,对重架若有反绳轮时其反绳轮应润滑良好,并应设有挡绳装置。

(9) 限速器钢丝绳至导轨导向面与顶面两个方向的偏差均不得超过10 mm。

(10) 轿厢与对重间的最小距离为50 mm,限速器钢丝绳和选层器钢带应张紧,在运行中不得与轿厢或对重相碰触。

(11) 当对重完全压缩缓冲器时的轿顶空间应满足:

① 井道顶的最低部件与固定在轿顶上设备的最高部件间的距离(不包括导靴或滚

轮,钢丝绳附件和垂直滑动门的横梁或部件最高部分)与电梯的额定速度 v(单位:m/s)有关,其值应不小于 $(0.3+0.035v^2)$ m。

② 轿顶上方应有一个不小于 0.5 m×0.6 m×0.8 m 的矩形空间(可以任何面朝下放置),钢丝绳中心线距矩形体至少一个铅垂面距离不超过 0.15 m,包括钢丝绳的连接装置可包括在这个空间里。

(12) 封闭式井道内应设置照明,井道最高与最低 0.5 m 以内各装设一灯外,设置中间灯,满足在轿厢顶面以上和底坑地面以上 1 m 处的照度均至少为 50 lx。部分封闭井道,如果井道附近有足够的电气照明,井道内可不设照明。

(13) 电缆支架的安装应满足:

① 避免随行电缆与限速器钢丝绳、选层器钢带、限位极限等开关、井道传感器及对重装置等交叉;

② 保证随行电缆在运动中不得与电线槽、管发生卡阻;

③ 轿底电缆支架应与井道电缆支架平行,并使电梯电缆处于井道底部时能避开缓冲器,并保持一定距离。

(14) 电缆安装应满足:

① 随行电缆两端应可靠固定;

② 轿厢压缩缓冲器后,电缆不得与底坑地面和轿厢底边框接触;

③ 随行电缆不应有打结和波浪扭曲现象。

4.4.2.3 轿厢

(1) 轿厢顶有反绳轮时,反绳轮应有保护罩和挡绳装置,且润滑良好,反绳轮铅垂度不大于 1 mm。

(2) 轿厢底盘平面的水平度应不超过 3/1000。

(3) 曳引绳头组合应安全可靠,并使每根曳引绳受力相近,其张力与平均值偏差均不大于 5%,且每个绳头锁紧螺母均应安装有锁紧销。

(4) 曳引绳应符合 GB 8903 规定,曳引绳表面应清洁不粘有杂质,并宜涂有薄而均匀的 Et 极压稀释型钢丝绳脂。

(5) 轿内操纵按钮动作应灵活,信号应显示清晰,轿厢超载装置或称量装置应动作可靠。

(6) 轿顶应有停止电梯运行的非自动复位的红色停止开关,且动作可靠,在轿顶检修接通后,轿内检修开关应失效。

(7) 轿厢架上若安装有限位开关碰铁时,相对铅垂线最大偏差不超过 3 mm。

(8) 各种安全保护开关应可靠固定,但不得使用焊接固定,安装后不得因电梯正常运行的碰撞或因钢丝绳、钢带、皮带的正常摆动使开关产生位移、损坏和误动作。

4.4.2.4 层站

(1) 层站指示信号及按钮安装应符合图纸规定,位置正确,指示信号清晰明亮,按钮动作准确无误,消防开关工作可靠。

(2) 层门地坎应具有足够的强度,水平度不大于 2/1000,地坎应高出装修地面 2～5 mm。

(3) 层门地坎至轿门地坎水平距离偏差为+30 mm。

(4) 层门门扇与门扇,门扇与门套,门扇下端与地坎的间隙,乘客电梯应为 1～6 mm,载货电梯应为 1～8 mm。

(5) 门刀与层门地坎,门锁滚轮与轿厢地坎间隙应为 5～10 mm。

(6) 在关门行程 1/3 之后,阻止关门的力不超过 150 N。

(7) 层门锁钩、锁臂及动接点动作灵活,在电气安全装置动作之前,锁紧元件的最小啮合长度为 7 mm。

(8) 层门外观应平整、光洁、无划伤或碰伤痕迹。

(9) 由轿门自动驱动层门情况下,当轿厢在开锁区域以外时,无论层门由于什么原因而被开启,都应有一种装置能确保层门自动关闭。

4.4.2.5 底坑

(1) 轿厢在两端站平层位置时,轿厢、对重装置的撞板与缓冲器顶面间的距离,耗能型缓冲器应为 150～400 mm,蓄能型缓冲器应为 200～350 mm,轿厢、对重装置的撞板中心与缓冲器中心的偏差不大于 20 mm。

(2) 同一基础上的两个缓冲器顶部与轿底对应距离差不大于 2 mm。

(3) 液压缓冲器柱塞铅垂度不大于 0.5%,充液量正确。且应设有在缓冲器动作后未恢复到正常位置时使电梯不能正常运行的电气安全开关。

(4) 底坑应设有停止电梯运行的非自动复位的红色停止开关。

(5) 当轿厢完全压缩在缓冲器上时,轿厢最低部分与底坑底之间的净空间距离不小于 0.5 m,且底部应有一个不小于 0.5 m×0.6 m×1.0 m 的矩形空间(可以任何面朝下放置)。

4.4.2.6 整机功能检验

1. 曳引检查

(1) 在电源电压波动不大于 2%工况下,用逐渐加载测定轿厢上、下行至与对重同一水平位置时的电流或电压测量法,检验电梯平衡系数应为 40%～50%,测量表必须符合电动机供电的频率、电流、电压范围。

(2) 电梯在行程上部范围内空载上行及行程下部范围 125%额定载荷下行,分别停层 3 次以上,轿厢应被可靠地制停(下行不考核平层要求),在 125%额定载荷以正常运行速度下行时,切断电动机与制动器供电,轿厢应被可靠制动。

(3) 当对重支承在被其压缩的缓冲器上时,空载轿厢不能被曳引绳提升起。

(4) 当轿厢面积不能限制载荷超过额定值时,再需用 150%额定载荷做曳引静载检查,历时 10 min,曳引绳无打滑现象。

2. 限速器安全钳联动试验

(1) 额定速度大于 0.63 m/s 及轿厢装有数套安全钳时应采用渐进式安全钳,其余可采用瞬时式安全钳。

(2) 限速器与安全钳电气开关在联动试验中动作应可靠,且使曳引机立即制动。

(3) 对瞬时式安全钳,轿厢应载有均匀分布的额定载荷,短接限速器与安全钳电气开关,轿内无人,并在机房操作下行检修速度时,人为让限速器动作。复验或定期检验时,各种安全钳均采用空轿厢在平层或检修速度下试验。对渐进式安全钳,轿厢应载有均匀分布 125% 的额定载荷,短接限速器与安全钳电气开关,轿内无人。在机房操作平层或检修速度下行,人为让限速器动作。

以上试验轿厢应可靠制动,且在载荷试验后相对于原正常位置轿厢底倾斜度不超过 5%。

3. 缓冲试验

(1) 蓄能型缓冲器仅适用于额定速度小于 1 m/s 的电梯,耗能型缓冲器可适用于各种速度的电梯。

(2) 对耗能型缓冲器需进行复位试验,即轿厢在空载的情况下以检修速度下降将缓冲器全压缩,从轿厢开始离开缓冲器一瞬间起,直到缓冲器回复到原状,所需时间应不大于 120 s。

4. 层门与轿门联锁试验

(1) 在正常运行和轿厢未停止在开锁区域内,层门应不能打开。

(2) 如果一个层门和轿门(在多扇门中任何一扇门)打开,电梯应不能正常启动或继续正常运行。

5. 上、下极限动作试验

设在井道上、下两端的极限位置保护开关,它应在轿厢或对重接缓冲器前起作用,并在缓冲器被压缩期间保持其动作状态。

6. 安全开关动作试验

电梯以检修速度上、下运行时,人为动作下列安全开关两次,电梯均应立即停止运行。

(1) 安全窗开关,用打开安全窗试验(如设有安全窗)。

(2) 轿顶、底坑的紧急停止开关。

(3) 限速器松绳开关。

7. 运行试验

(1) 轿厢分别以空载、50% 额定载荷和额定载荷三种工况,并在通电持续率 40% 情况下,到达全行程范围,按 120 次/h,每天不少于 8 h,各起、制动运行 1000 次,电梯应运行平稳、制动可靠、连续运行无故障。

(2) 制动器温升不应超过 60 K,曳引机减速器油温升不超过 60 K,其温度不应超过

85 ℃,电动机温升不超过 GB 12974 的规定。

(3) 曳引机减速器,除蜗杆轴伸出一端渗漏油面积平均每小时不超过 150 cm² 外,其余各处不得有渗漏油。

8. 超载运行试验

断开超载控制电路,电梯在 110% 的额定载荷,通电持续率 40% 的情况下,到达全行程范围。起、制动运行 30 次,电梯应能可靠地启动、运行和停止(平层不计),曳引机工作正常。

4.4.2.7 整机性能试验

(1) 乘客与病床电梯的机房噪声、轿厢内运行噪声与层、轿门开关过程的噪声应符合 GB/T 10058—2009《电梯技术条件》规定要求。

(2) 平层准确度应符合 GB/T 10058—2009《电梯技术条件》规定要求。

(3) 整机其他性能宜符合 GB/T 10058—2009《电梯技术条件》有关规定要求。

4.4.2.8 无机房电梯附加项目

1. 设置在轿顶上或轿厢内的作业场地

(1) 设置检查机械锁定装置工作位置的电气安全装置,当该机械锁定装置处于非停放位置,能防止轿厢的所有运行。

(2) 在检修门(窗)开启的情况下需要从轿内移动轿厢时,在检修门(窗)的附近设置轿内检修控制装置,轿内检修控制装置能够使检修门(窗)锁定位置的电气安全装置失效,人员站在轿顶时,不能使用该装置来移动轿厢;如果检修门(窗)的尺寸中较小的一个尺寸超过 0.20 m,则井道内安装的设备与该检修门(窗)外边缘之间的距离应不小于 0.30 m。

2. 设置在底坑的作业场地

(1) 设置检查机械制停装置工作位置的电气安全装置,当该机械制停装置处于非停放位置且未进入工作位置时,能防止轿厢的所有运行,当机械制停装置进入工作位置后,仅能通过检修装置来控制轿厢的电动移动。

(2) 在井道外设置电气复位装置,只有通过操纵该装置才能使电梯恢复到正常工作状态,该装置只能由工作人员操作。

3. 设置在平台上的作业场地

(1) 设有可以使平台进入(退出)工作位置的装置,该装置只能由工作人员在底坑或者在井道外操作,由一个电气安全装置确认平台完全缩回后电梯才能运行。

(2) 如果检查、维修作业不需要移动轿厢,则设置防止轿厢移动的机械锁定装置和检查机械锁定装置工作位置的电气安全装置,当机械锁定装置处于非停放位置,能防止轿厢的所有运行。

(3) 如果检查、维修作业需要移动轿厢,则设置活动式机械止挡装置来限制轿厢的运行区间,当轿厢位于平台上方时,该装置能够使轿厢停在上方距平台至少 2 m 处,当轿厢位于平台下方时,该装置能够使轿厢停在平台下方符合井道顶部空间要求的位置。

(4) 设置检查机械止挡装置工作位置的电气安全装置,只有机械止挡装置处于完全缩回位置时才允许轿厢移动,只有机械止挡装置处于完全伸出位置时才允许轿厢在前条所限定的区域内移动。

4. 紧急操作与动态试验装置

(1) 用于紧急操作和动态试验(如制动试验、曳引力试验、限速器-安全钳动作试验、缓冲器试验及轿厢上行超速保护试验等)的装置应当能在井道外操作。在停电或停梯故障造成人员被困时,相关人员能够按照操作屏上的应急救援程序及时解救被困人员。

(2) 装置上应当设置停止装置。

5. 附加检修装置与轿顶检修的互锁

如果需要在轿厢内、底坑或者平台上移动轿厢,则应当在相应位置上设置附加检修控制装置。如果一个检修控制装置被转换到"检修",则通过持续按压该控制装置上的按钮能够移动轿厢;如果两个检修控制装置均被转换到"检修"位置,则从任何一个检修控制装置都不可能移动轿厢,或者当同时按压两个检修控制装置上相同方向的按钮时,能够移动轿厢。

4.5 电梯成品保护

电梯产品的特殊性在于所有部件生产完成后发到工地现场组装。对于每一台电梯的各部件来说在厂内加工都属于独立的完整个体,在出厂时都可以算作成品。由于到工程现场进行组装,在运输、安装过程中对产品保护就尤为重要。电梯成品保护主要涉及以下几个方面:

4.5.1 防水

(1) 生产完毕的部件进行包装,要有防水遮挡。

(2) 运输过程中要防止雨淋。

(3) 到现场后要有固定的能遮雨的库房。

(4) 安装现场地面有水是难以避免的,要防止水流入井道浸泡电梯部件。

(5) 安装期间,在安装人员傍晚收工时,需将电梯停靠在顶层,打到检修状态。

(6) 金属部件易锈蚀,更应注意沾水。

4.5.2 防潮

(1) 包装箱内应放置袋装干燥剂。

(2) 现场库房附近如有水管,应确认无渗漏。

(3) 电梯安装过程,电气件接通电源后要常通电,去湿。

(4)安装过程注意机房与井道内通风。

4.5.3 防尘

(1)未准备安装的部件最好不要拆除包装。

(2)保持施工现场清洁干净,及时清理现场垃圾。

(3)电器件(如接触器、变频器等)容易产生静电,施工过程发现有灰尘时,需用皮老虎或吸尘器进行清理。

(4)紧密部件做好防护,如曳引轮与机体之间的缝隙,闸瓦间隙,要防止颗粒灰尘进入。

(5)润滑部件防尘,如轴承要有密封圈或防尘罩等措施。

4.5.4 防锈

(1)导轨支架等需要焊接部件,在焊接结束后要进行除焊渣,涂防锈漆。

(2)需要润滑部位,如导向轮轴承、曳引轮轴承、限速器轴部位,需要保持充分润滑。

4.5.5 防破坏

(1)产品装运与安装过程中要轻拿轻放。

(2)搬运过程中要做好部件的临时保证与保护。

(3)按电梯施工工艺进行操作,减少不必要的部件损坏。

(4)电梯未安装完毕,不经验收不得用于其他运输工作,也是对电梯本身的一种保护。

(5)主要施工现场安全,防止有人蓄意破坏。

(6)做好防护,油漆是电气部件,防止老鼠等伤害。

4.5.6 防盗

(1)施工现场要有安全可靠的库房,库房门可以上锁,而且晚间有施工人员坚守。

(2)部件安装过程中,未安装部件应放回库房,防止丢失。

(3)电梯机房前期要求门窗齐全、可靠,如没有门窗要求安装临时门,可以上锁。

(4)安装施工人员在工地现场注意自身财务安全。

4.5.7 防火

(1)施工现场配备灭火器,施工人员易于拿到。

(2)动明火需报消防部门知道,如电焊等。

(3)如使用喷灯熔烧巴氏合金,需在无风空旷一点的地方进行,远离可燃物。

(4)电缆电线勿超负荷使用。

(5) 施工现场严禁吸烟。

(6) 冬季施工现场严禁使用取暖设备,如电炉、千瓦灯等。

4.5.8 防雷

(1) 产品设备做好防雷处理,按施工要求做好接地工作。

(2) 安装过程中的电梯,在雷雨天气最好停梯,由于保护系统没有施工完善,防止控制系统损坏。

思考题

1. 电梯工程质量的注意内容有哪些?
2. 影响电梯工程质量的因素有哪些?
3. 电梯导轨安装质量标准是什么?
4. 电梯轿厢安装质量标准是什么?
5. 成品保护主要有哪些措施?

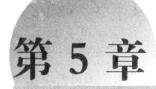

第5章 电梯工程的安全管理

近年来,电梯安装作业过程中的人身伤害事故屡见不鲜,为此,本章着重对电梯安装过程中安全管理方面提出建议,以减少安装中的伤亡事故。

5.1 电梯安全技术条件

(1) 乘客电梯、载货电梯安装应符合 GB 7588—2003《电梯制造与安装安全规范》的有关规定。自动扶梯和自动人行道安装应符合 GB 16899—1997《自动扶梯和自动人行道的制造与安装安全规范》的有关规定。

(2) 电梯安装人员(以下称作业人员)应经过专业技术培训和安全操作培训,持有相应项目的中华人民共和国特种设备作业人员证,方可上岗操作。其他需要持证上岗的工种如:电工、登高作业等特种作业人员,均应经安全技术培训并考试合格,持有特种作业人员证书方可操作。

(3) 所有安装安全标志、须知、注意事项及操作说明应保持清晰,并设置在明显位置。

(4) 作业人员应将在电梯安装过程中自检的情况予以记录。

(5) 电梯安装单位应制定相应的防止各项事故发生的安全生产规章制度,并采取相应的安全防范措施。

(6) 安装单位应加强对所有作业人员安全培训,严格遵守安全操作规程和各项安全生产规章制度。

(7) 作业人员在作业过程中发现事故隐患或者其他不安全因素,应当立即向现场安全管理人员和安装单位有关负责人报告。

5.2 电梯安全管理基本内容

5.2.1 一般要求

(1) 进入作业场所的要求：

① 应穿戴劳动防护用品；

② 作业前,应检查设备和工作场地,排除故障和隐患；

③ 确保安全防护、信号和联锁装置齐全、灵敏、可靠；

④ 设备应定人、定岗操作。

(2) 工作中,应集中精力,坚守岗位,不准擅自把自己的工作交给他人。

(3) 二人以上共同工作时,应有主有从,统一指挥；工作场所不准打闹、玩耍和做与本职工作无关的事。

(4) 严禁酒后进入工作岗位。

(5) 不准跨越正在运转的设备,不准横跨运转部位传递物件,不准触及运转部位；不准站在旋转工件或可能爆裂飞出物件、碎屑部位的正前方进行操作、调整、检查设备；不准超限使用设备机具。

(6) 安装作业完毕或中途停电,应及时切断安装用电源开关后才准离岗。

(7) 在修理机械、电气设备前,应在切断的动力开关处设置"有人工作,严禁合闸"的警示牌。必要时应设专人监护或采取防止电源意外接通的技术措施。非工作人员禁止摘牌合闸。一切动力开关在合闸前应细心检查,确认无人员检修时方准合闸。

(8) 一切电气、机械设备及装置的外露可导电部分,除另有规定外,应有可靠的接地装置并保持其连通性。非电气工作人员不准安装、维修电气设备和线路。

(9) 注意警示标志,严禁跨越危险区,严禁攀登吊运中的物件,以及在吊物、吊臂下通过或停留。

(10) 在安装现场要设置安全遮拦和标记；应提供充足的照明以确保安全出入以及安全的工作环境,控制开关和为便携照明提供电源的插座应安装在接近工作场所出入口的地方。

(11) 应保护所有的照明设备以防止机械破坏。

(12) 所有金属移动爬梯与地面接触部位应有绝缘材料和防滑措施。

5.2.2 乘客电梯、载货电梯安装作业安全要求

5.2.2.1 安装前的准备工作

(1) 应确定项目负责人、安全管理人员和安装班组及作业人员。

(2) 应在认真审核图纸资料的基础上勘察安装现场,有针对性地编写安装方案和安全措施。

(3)进场前应对所有安装人员进行安全交底,并做好交底记录。

5.2.2.2 安装前的安全检查确认

(1)在层门口、机房入口应做好安全防护和安全标志,确认其完好可靠。

(2)应对电动工具、电气设备、起重设备及吊索具、安全装置等进行检查,确认其安全有效。

(3)对个人携带的安全防护用品应进行检查,确认其完好齐全。

5.2.2.3 现场安全作业基本要求

(1)进入安装现场应配戴安全帽,并穿工作服、工作鞋等安全防护用品。

(2)安装现场严禁吸烟。

(3)电焊气焊等明火作业应提出动火申请,得到有关部门批准后方可进行动火作业。进入井道及在 2 m 以上的高空作业,应配戴安全带,并确认安全可靠。在层门口作业时也应佩戴安全带。

(4)电动工具应在装有漏电保护开关的电源上使用,使用前应试验漏电按钮,确认漏电保护开关有效。

(5)井道安装禁止上下交叉作业。

(6)除作业需要外,层门口防护栏(门)不应打开,防护栏(门)打开时应有人监护。

(7)进入井道前应将各层门口附近的杂物清理干净,以防止掉入井道,伤及井道内的作业人员。安装材料应码放在层门口的两侧,不应在层门口前放置任何物品,以防落入井道。

(8)严禁在井道内上下抛掷工具、零件、材料等物品。

5.2.2.4 脚手架的安全使用

(1)脚手架应由专业人员搭设,并经有关部门验收后方可使用。脚手架的更改、拆除也应由专业人员完成。

(2)在每层楼作业位置设置作业平台,作业平台的脚手板应使用厚度大于 50 mm 的坚固干燥木板,脚手板的宽度应在 200 mm 以上。工作平台上的脚手板不应少于**两块**。

(3)脚手板应紧固在脚手架上,脚手板两端应伸出脚手架横杆 150 mm 以上。

(4)禁止在脚手架上放置材料、工具等物品。

(5)应按标准规定敷设安全网,随时清理脚手板及安全网上的杂物,安全网发生**破损**应及时更换。

(6)同一工作平台上作业的人员不应超过 3 人。

(7)井道工作平台上作业的人员应佩戴安全带及安全绳,并确认连接可靠。

5.2.2.5 用电安全

(1)安装现场用电应遵守现场用电安全的有关规程。

(2)安装作业用电应从产权单位指定的电源接电,使用专用的电源配电箱,配电箱应能上锁。

(3) 配电箱内的开关、保险、电气设备的电缆等应与所带负荷相匹配。严禁使用其他材料代替保险丝。

(4) 井道作业照明应使用 36 V 以下的安全电压。作业面应有良好的照明。

(5) 所有的电气设备均应保持在完好的状态下使用。

(6) 电焊机的地线应与所焊工件可靠连接,严禁用脚手架或建筑物钢筋代替地线。

5.2.2.6 消防安全

(1) 电焊气焊作业应遵守相应的安全操作规程。

(2) 电焊气焊等明火作业时,应在作业处清理易燃易爆品,并设置防火员,配备灭火器。井道明火作业,除在作业处以外,还应在最底层设置底坑防火员,配备灭火器,作业前清除底坑内的易燃物。

(3) 明火作业结束后,防火员应确认无明火和火灾隐患后方可离开。

(4) 存放配件的库房应配备灭火器,库房内严禁明火。

5.2.2.7 联络

(1) 两人(含两人)以上共同作业时应根据距离的远近及现场的情况确定联络方式,其目的是保证联络有效,可以采用喊话、对讲机、轿内电话等方式。

(2) 凡需要对方配合或影响到另一方工作的,应先联络后操作,被联络人对联络人发出的联络信号应先复述,联络人对复述确认并得到对方的同意后再开始作业。

5.2.2.8 机房作业安全

(1) 预留孔保护应符合:

① 进入机房作业时,应将机房与井道的预留孔有效覆盖保护,防止杂物掉入井道。

② 机房与井道配合作业时,应首先进行联络,确认安全后才可打开保护板。

(2) 曳引机吊装应符合:

① 曳引机应由专业吊装人员吊装进入电梯机房,吊装人员应持有特种作业人员(起重)证书。

② 吊装就位前应确认机房吊钩的允许负荷大于等于设计要求。

③ 起重装置的额定载荷应大于曳引机自重的 1.5 倍。

④ 索具应采用直径大于等于 12 mm 的钢丝绳,钢丝绳、绳套、绳卡符合标准要求。

⑤ 吊装前应确认起重吊钩防脱钩装置有效。

⑥ 索具须吊挂在曳引机的吊环上,不应随意吊挂。

⑦ 曳引机吊离地面 30 mm 时,应停止起吊,观察吊钩、起重装置、索具、曳引机有无异常,确认安全后方可继续吊装。

⑧ 吊装时,曳引机上下均不应站人,不应有杂物。

⑨ 起重装置不应将曳引机吊停在半空时吊装人员离开吊装岗位。

(3) 两台(含两台)以上电梯同一机房作业时,如果有已经运行的电梯,应在已运行的电梯周围拉上警戒线,并悬挂警示标志。

（4）两台(含两台)以上电梯共用一个机房时,电源开关与电梯的标识编号应一致,以免发生误操作。

5.2.2.9 装有多台电梯井道作业安全应符合条件

（1）两台(含两台)以上电梯的井道,安装前应确认井道已经按标准封闭。

（2）井道内只要有一台电梯进行明火作业,其他井道内在明火作业面以下不应有人。

（3）导轨吊装、轿厢组装等起重作业时,相邻井道应暂时停止工作退出井道,待吊装作业完成后再恢复工作。

5.2.2.10 井道放样板作业安全

（1）放样板时井道上下作业人员应保持联络畅通。

（2）样板工具和材料应装入工具袋中,并固定在工作平台上确保不会坠落。如在井道中不易固定,则应在不使用时随时退出井道。

（3）配合人员应在放样人员允许时才可进入底坑,并保持联络。

5.2.2.11 导轨安装作业安全

（1）焊接导轨支架和吊装导轨时应遵守高空作业、安全用电、消防安全的有关规定。

（2）安装导轨时如需临时拆卸吊装导轨就位位置的脚手架横杆,不应同时拆卸两根(含两根)以上,且应采取防护措施,在导轨就位后,应立即恢复。

（3）使用绳索牵拉时绳索强度应满足要求,应两人(含两人)以上牵拉。牵拉时应有锁紧方式。

（4）使用卷扬机吊装时,卷扬机应安装牢固并有可靠的制动装置。

（5）吊装导轨时应设专人指挥。

（6）吊装导轨前应认真检查卷扬机、U型环、绳索等吊具,确认安全后方可使用。

（7）在井道内提升导轨时,作业人员应离开井道。

（8）导轨压板、连接板螺栓紧固前不应放松吊挂绳索。

5.2.2.12 层门安装作业安全

（1）层门门扇安装好以前,不应拆除安全围挡。

（2）层门门扇安装后应马上安装门锁,并能有效闭锁层门。

（3）如层门门套与土建结构间缝隙大于100 mm,则不应拆除安全围挡。

5.2.2.13 轿厢安装作业安全

（1）组装轿厢之前应检查吊索、吊具。

（2）手拉葫芦钢丝绳套应通过曳引绳孔挂在机房吊钩上,不应用曳引绳孔作吊挂。

（3）吊装轿底、轿架、上梁等重物进入井道时,应设尾绳牵拉。

5.2.2.14 对重安装作业安全

（1）吊装对重架前拆除的脚手架横杆在对重就位后应立即恢复。

（2）对重架下支撑应可靠牢固。

（3）加载对重块时应防止压手。

5.2.2.15 曳引绳安装作业安全

(1) 采用巴氏合金工艺的曳引绳应严格遵守明火作业的规定。
(2) 使用砂轮机切断钢丝绳时应佩戴护目镜。
(3) 安装曳引绳时不应将曳引绳两端同时送入井道,以免滑落到井道中。

5.2.3 乘客电梯、载货电梯调试作业及检查作业安全要求

5.2.3.1 在电梯的清理现场及张贴标志作业中应遵守的原则

(1) 调试前运动部件周围的安全确认与安全装置的动作确认以及其后的电源接通、电源切断应由调试员或检查员进行。
(2) 调试前应确认层门口土建封堵已经完成,确认无缝隙;曳引机基础混凝土达到设计强度要求。
(3) 运行时应先清除井道中的障碍物,然后再运行。
(4) 进行检查时,应站在运动或旋转部件不会触及身体的位置。
(5) 试运行接通电源之前,一定要确认周围的安全,同时应检查部件有无漏装,材料、工具是否清理干净。
(6) 试运行接通电源之前,应先在运动部位或旋转部位张贴"运动部件注意"的标志。
(7) 各控制回路原则上不允许短接。但由于作业需要必须进行短接时,应使用专用短接线,短接操作应符合企业的标准要求,在该作业结束后应立即复原,所使用的短接线,应如数拆除、清点,并由相关人员确认。
(8) 为了防止第三者的进入而发生事故,应在电梯机房出入口处设置门锁,层门设置围栏,且张贴"无关人员,严禁进入"的标志。
(9) 轿厢上行时轿顶与对重底部汇合前2~3 m以及轿厢下行时底部接近对重上部2~3 m处,在对重侧井道壁安装"对重接近,注意安全"的标志。

5.2.3.2 在试运行作业与调整作业中应遵守的原则

(1) 各层层门锁应闭合,门锁回路和安全回路应接通。
(2) 试运行前,应完成脚手架拆除作业和底坑缓冲器安装作业。
(3) 试运时,禁止站在轿顶上作业,但在检修速度状态下进行检查作业时不在此限制。
(4) 运行中,身体各部位均不应超出轿顶边缘之外。
(5) 轿顶有作业人员时,禁止电梯高速运行。
(6) 进入井道作业时,应打开井道照明灯。
(7) 禁止在轿顶与轿厢内同时作业。
(8) 试运行与调整作业时,其他非作业人员不允许搭乘。
(9) 进入或退出轿顶及轿顶作业时,应遵守以下安全注意事项:

① 打开层门进入轿顶前,应按下停止按钮,并将检修/正常转换开关转换到检修位置,开启照明后再进入轿顶;

② 退出轿顶时,打开层门,先退出轿顶,然后将检修/正常转换开关转回到正常位置,并将停止按钮复位,关闭照明后再关闭层门;

③ 在轿顶作业时,应将检修/正常转换开关转换到检修位置;

④ 在轿顶检修运行时,应站在轿顶板上,禁止站在轿架横梁上,并注意头顶上方的建筑物、井道四周的各种附属物及对重;

⑤ 在同一井道内有多台电梯,应注意相邻电梯运行可能发生的危险。

5.2.4 自动扶梯与自动人行道安装和维修作业安全要求

5.2.4.1 吊装作业安全要求

(1) 吊装作业应由专业吊装人员进行操作。

(2) 起重设备应取得特种设备检验合格证,起重工须持有相应的资格证书。

(3) 起吊时,吊带(索具)的安全系数不小于 5,起吊物不应该超过起重设备的额定负荷。

(4) 起重时,闲杂人员不应靠近,起重臂下面严禁站人。

(5) 在每次使用前,所有的起重设备均需经过目测检查是否存在不合格的地方。对有问题的设备应立即停止使用。

(6) 在悬挂物可能摇晃或通过限制的区域时,应使用尾绳和导索。

5.2.4.2 工地现场的安全要求

(1) 工作开始前,应在自动扶梯和自动人行道的出入口处设置有效的护栏,警告和防止无关人员误入工作区域。

(2) 维修作业应确保自动扶梯和自动人行道上没有乘客才可以停止自动扶梯和自动人行道运行。

(3) 在进行工作前,自动扶梯和自动人行道的主电源开关和其他电源开关应置于"关"的位置,上锁悬挂标签并测试和验证有效。

(4) 当一节或多节梯级被拆除,不允许乘用自动扶梯和自动人行道,应用两种独立的方法在电气和机械方面锁闭设备。

5.2.4.3 在桁架中作业的安全要求

(1) 试验停止和检修开关,试验共用和方向按钮的有效性。

(2) 自动扶梯和自动人行道只能以检修速度运行。

(3) 不允许在梯级轴上行走。

(4) 对主电源开关锁闭,警示并采取两种独立的方法,电气和机械阻挡来防止梯级链条的运动。

5.2.4.4 驱动站和转向站作业的安全要求

（1）进入驱动站和转向站应按下停止开关。

（2）提供充足的照明以保证安全进出和安全工作，控制开关应在靠近每个入口的地方。

（3）要配备一个电源插座以备使用电动工具。该插座应符合 GB 16899—1997 中 13.6 的要求。

（4）进入驱动站和转向站工作时，入口处应设置有效的防护装置。

（5）对于重载的自动扶梯和自动人行道的电动机，齿轮箱应采取预防措施以防止在高温情况下接触到这些设备，在可能达到高温的机器上应贴上警示标识。

5.3 电梯安全管理制度、规程

从事电梯安装的过程中电梯安装单位和个人必须遵循《中华人民共和国安全生产法》和《特种设备安全监察条例》，《中华人民共和国安全生产法》第四条规定"生产经营单位必须遵守本法和其他有关安全生产的法律、法规，加强安全生产管理，建立、健全安全生产责任制度，完善安全生产条件，确保安全生产"。《特种设备安全监察条例》第十八条规定"电梯安装过程中，电梯安装单位应当遵守安装现场的安全生产要求，落实现场安全防护措施。电梯安装过程中，安装现场的安全生产监督，由有关部门依照有关法律、行政法规的规定执行。电梯安装过程中，电梯安装单位应当服从建筑安装总承包单位对安装现场的安全生产管理，并订立合同，明确各自的安全责任"。因此，电梯安装单位除在现场注重安全安装外，还需要建立完整的安全管理制度和规程，为现场作业人员提供可靠有效的安全措施保护，使他们做到有章可循。

5.3.1 电梯安全管理体系

电梯安装单位建立完整的电梯安装安全管理制度和规程首先要建立安全管理体系。一个电梯安装单位的安全管理体系至少要包含以下三级：

（1）安全负责人，一般由单位领导亲自担任；

（2）安全管理部门，负责安装过程中安全工作的管理；

（3）安全员、兼职安全员，具体执行安装现场的安全监督和管理。

5.3.1.1 安全负责人职责

（1）对电梯安装的过程中的安全负全面责任。

（2）定期召开本单位安全会议，对安全生产工作进行安排，检查各项制度的落实情况。

（3）按照国家的有关法律法规要求，组织制定、批准本单位安全规章制度、安全操作规程等文件。

(4) 组织作业人员安全知识培训,牢固树立质量、安全意识,对本单位全体人员进行质量安全教育,增强全员的质量安全意识。

(5) 组织搞好劳动保护工作,为作业人员创造一个安全生产环境。

5.3.1.2 安全管理部门职责

(1) 具体负责安装过程中的安全管理,对本单位生产中的安全负责。

(2) 负责拟定并督促实施各岗位安全管理制度及各工作岗位的安全操作规程。

(3) 负责解决安装过程中出现的安全问题。

(4) 定期不定期对各安装现场进行安全检查(或抽查),及时发现安全隐患并督促解决,保证安全生产。

(5) 随时采取各种形式对本单位全员进行安全教育,不断增强全员的安全意识。

(6) 负责安装过程中安全措施及劳动保护措施的落实。

(7) 负责对本单位制定的各项安全制度实施情况进行检查考核,对现场质量安全作业人员工作进行考核。

(8) 根据工作需要,配备并保管好有关的检测工具、仪器,并负责检测仪器的定期校验管理工作。

(9) 与劳动管理部门协调安全生产事宜。

(10) 参加政府主管部门进行电梯验收和年检。

5.3.1.3 现场质量、安全员

(1) 负责安装现场的安全工作。

(2) 监督现场安装人员文明、安全安装,督促安装人员佩戴必要的安全防护用品。

(3) 按各项安全制度要求,进行文明、安全安装,并及时填写安全记录。

(4) 对现场出现的安全隐患及时报告,协助安全管理部门安全检查工作。

(5) 做好现场安全标识的管理工作。

5.3.2 电梯安全管理制度、规程的建立

(1) 电梯安装单位对安全管理制度的建设应该对安全生产的责任、培训、管理、检查、事故等方面作出相应的规定,但不能与国家的法律法规相冲突。安全管理制度应至少包括如下方面的内容:

① 安全生产责任制度。
② 安全生产培训制度。
③ 安全生产管理制度。
④ 安装现场安全制度。
⑤ 安全生产检查制度。
⑥ 安全生产奖惩制度。
⑦ 安全事故报告制度。

⑧ 安全事故紧急救援预案。

(2) 安全技术操作规程的制定应参照各特种行业的相关要求,做到使现场作业人员有章可循。安全技术操作规程的制定应至少包含如下方面的内容:

① 电梯安装安全操作规程。
② 起重、吊装、拖运安全操作规程。
③ 气焊(割)安全操作规程。
④ 电焊工安全操作规程。
⑤ 电工安全操作规程。

5.4　电梯安全事故的原因及预防

5.4.1　电梯安全事故的原因

随着电梯的广泛应用,电梯使用过程中的事故逐渐增多,已引起人们的普遍关注,但电梯安装过程中发生的事故还没有被人们所熟知。电梯安装过程中事故的发生原理为:发生事故→造成伤害,电梯作业人员自身的因素和电梯的安全隐患,两者是电梯发生事故的前提条件。条件具备其一,则电梯事故可能发生,也可能不发生;但是两个条件都具备,则电梯事故一定发生。如果电梯本身因素(即机械的或物质的缺陷引起的风险),比如超速冲顶或蹲底等,即使个人无任何缺陷,事故也会发生。如果电梯作业人员违章作业(即个人因素)等,即使电梯本身无任何隐患,也会发生事故。如果了解或掌握了这一原理,使其中的条件皆不具备,就能有效地预防电梯事故的发生。

5.4.1.1　电梯作业人员自身因素

(1) 爱表现,争强好胜。某些作业人员认为自己技术比较高,喜欢在别人面前"露一手",表现一下自己的能力,爱虚荣,这样往往会发生违章操作。

(2) 麻痹侥幸心理。存在这种心理的人往往不接受"不怕一万,就怕万一"的经验教训,是重复事故的思想根源所在。在这种心理状态下,某些作业人员认为偶尔违章不会产生什么后果,或者认为别人也这样做而没有出事,因此,无视有关的操作规程,麻痹大意,无视警告,不按操作规程办事。

(3) 马虎敷衍,固执。有的作业人员做事漫不经心,我行我素,将岗位安全责任制、岗位操作规程扔在脑后一意孤行。

(4) 懒惰蛮干,贪图方便。有的作业人员做事不愿多出力,要小聪明,总想走捷径,操作时投机取巧,图一时方便,结果造成违章操作。

(5) 玩世不恭,逆反心理。由于社会、家庭等方面的压力,以及管理方法、教育方法欠妥或操作环境不良,使少数作业人员产生逆反心理,甚至产生对抗行为。

(6) 安全意识差。有不少作业人员认为安全工作是安全员的事,与自己无关,漠视安全。安全意识淡薄,自我保护意识差,而且不愿参与各种安全活动。

(7) 安全责任心不强,工作不负责任。有些作业人员接受过安全教育和培训,对自己的工作对象、设备、性能、状况及操作规程都比较熟悉,但在实际工作中,却缺乏对企业财产、对他人生命负责的态度,往往明知故犯,违章操作。

(8) 安全监督不够。对一些习惯性违章现象熟视无睹,有一些安全员遇事总觉得与违章者比较熟,不好意思管,对一些严重违章现象存在漏查或查处力度不够的情况。特别是在安装任务重、时间紧的情况下,一味强调按时完成任务,从而使部分作业人员滋生了忽视安全的习惯和心态。

5.4.1.2 电梯自身因素和周围环境因素

造成电梯安全事故的危害涉及的类别包括:剪切、挤压、坠落、撞击、被困、火灾、电击、环境影响;造成电梯安全事故的危害涉及的人员包括:使用人员、安装、维修和检查人员、相关方人员。这些事故主要是由如下原因引起:

1. 剪切、挤压事件

(1) 开门运行;

(2) 制动器失灵;

(3) 门触板失灵;

(4) 上缓冲距离过小;

(5) 轿厢与对重距离过小;

(6) 钢丝绳挤伤;

(7) 轿厢护脚板不符合标准;

(8) 扶手带安全开关失灵;

(9) 扶手带与侧板距离不符合标准;

(10) 梳齿板断齿;

(11) 扶手带与墙壁或其他物体距离不符合标准;

(12) 制动器和附加制动器制动力不足;

(13) 梯级滚轮出槽;

(14) 梯级链裂断、断链保护失灵;

(15) 梯级脱落;

(16) 机房维修空间不符合标准。

2. 高处坠物及人员坠落

(1) 电梯安装维修时脚手架上坠物;

(2) 电梯安装维修时其他安装单位高处坠物;

(3) 物体从层门落入井道;

(4) 物体从机房孔落入井道;

(5) 配重铁碰井道壁异物坠落；
(6) 安装导轨时零部件及工具坠落；
(7) 拼装轿厢时零部件及工具坠落；
(8) 易滑落重物捆扎不牢；
(9) 吊索断裂；
(10) 大部件起吊不平稳；
(11) 辅助吊具选用不当；
(12) 起吊时吊索未装牢靠；
(13) 重物碰撞其他物品引起重物坠落；
(14) 运行时重物过低撞人撞物；
(15) 吊物下站人；
(16) 起重设备故障引起重物坠落；
(17) 脚手架上踏空坠落；
(18) 脚手架损坏引起人员坠落；
(19) 轿厢顶工作时坠落；
(20) 用三角钥匙开启层门踏空坠落；
(21) 高处安装未系安全带；
(22) 更换钢丝绳时轿厢及轿厢上的人员坠落；
(23) 扶梯出入口护栏不符合标准；
(24) 扶梯扶手带与梯级运行同步速度差超标。

3. 撞击及打击伤害
(1) 头伸出轿顶护栏，配重上升或下降撞击；
(2) 底坑工作时轿厢或对重下降撞击；
(3) 安装维修时开门动车引起夹击、撞击；
(4) 轿顶维修人员与井道顶碰撞；
(5) 维修人员被另一电梯对重碰撞；
(6) 盘车手柄回转；
(7) 旋转部件打击；
(8) 工具脱手伤人。

4. 被困情况
(1) 轿厢被困；
(2) 轿顶被困；
(3) 底坑被困。

5. 引起火灾的原因

(1) 电气焊起火；

(2) 电气漏电起火；

(3) 化学危险品起火；

(4) 违章动用明火；

(5) 违章吸烟；

(6) 违章使用电加热设备；

(7) 电气或电线过热。

6. 电击事件

(1) 手持电动工具电线电缆及插头破损；

(2) 临时供电线路电线电缆破损；

(3) 电气设备电线电缆破损；

(4) 临时供电线路电气插座破损或接线不规范；

(5) 电气设备插头插座不规范或破损；

(6) 设备漏电；

(7) 手持电动工具漏电；

(8) 电梯维修时带电作业；

(9) 违章架设临时用电线路；

(10) 使用移动电动工具未接漏电保护器或漏电保护器失灵；

(11) 在特殊场合未使用安全电压；

(12) 检修电气设备或线路时未设监护人员；

(13) 不用插头而直接用电线接取电源；

(14) 无证从事电气设备的检修或操作；

(15) 手持电动工具未按规定检查；

(16) 电气设备未按规定检查；

(17) 接地或接零装置不良或损坏；

(18) 电气设备或线路的过载保护装置失灵；

(19) 曳引机电源接头外露；

(20) 停电后复电不当引起触电。

7. 安装作业环境不良

(1) 现场照明不良；

(2) 工作场所高度或空间不够；

(3) 工作场所有沟、坑、洞及油污异物；

(4) 高温环境；

(5) 粉尘、烟尘等有害气体。

5.4.2 电梯安全事故的预防

(1) 强化作业人员的安全意识，提高作业人员的自我保护能力。主要是从正面宣传劳动保护的意义、方针政策。加强法制观念，使作业人员懂得企业安全生产的各项规章制度是同生产秩序和个人安全密切相关的，从而使广大作业人员认清自己在安全生产中不单纯是安全管理的对象，更重要的是安全生产的主人，从而提高作业人员搞好安全生产的自觉性、责任感和积极性。让作业人员深刻理解安全与自己的生活、工作、家庭、幸福息息相关，一次重大生产事故，不仅给本人和家庭带来不幸，也给企业以及他人带来巨大的损失。教育作业人员要在工作中热爱自己的岗位，保持心情舒畅，遵章守纪，与企业同呼吸共命运。

(2) 全技能教育。通过安全技术培训，提高作业人员劳动技能，克服蛮干和习惯违章的不良习惯，使作业人员熟练掌握一般安全知识和专业安全技术。

(3) 靠安全管理机制增强防范能力。制定明确的安全管理制度工作规划、目标实施和激励办法，奖罚分明。对及时发现重大隐患、排除事故或事故处理有功的人员，给予表彰和重奖，对违章行为要严肃处理，决不姑息迁就。

(4) 针对不同的安装现场状况和作业人员队伍状况，组织开展"安全周"、"安全月"和"安全知识竞赛"等活动，增强作业人员的安全意识，提高作业人员的安全技能。

5.4.3 电梯安全事故的案例分析

电梯安装手指夹伤事故

1. 事故经过

1998年1月14日下午，某公司工程部工人黎某在广东某地进行电梯安装工作。在14时30分左右，黎某来到二楼担任起吊导轨的挂钩工作，吊轨起吊时，暂停了一会，黎某发现导轨可能与撑架相撞，伸出左手，拉吊绳的铁钩，这时导轨向上升起，导轨顶端与撑架相撞，黎某的左手来不及抽出，左手中指因被夹在导轨顶端与撑架之间而受伤。黎某随后被送往中山医科大学附属第一医院诊治，诊断为左手中指末节粉碎性骨折，随后接受手术治疗。

事故发生时的状态如图5-1所示：

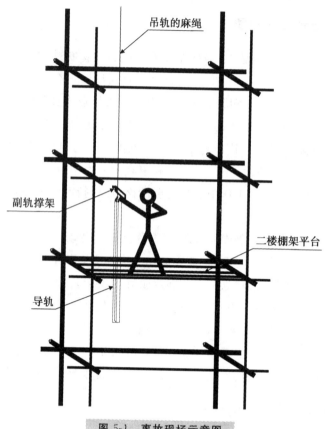

图 5-1 事故现场示意图

2. 事故原因

黎某安全意识不足,用手拉吊绳的挂钩,未能预见导轨可能突然升起,是事故的直接原因。

黎某在用手拉吊绳前应大声传令"停"并确认拉吊轨人员知道后再实施。黎某不认真实施事故防范措施是事故间接原因,因其对事故的发生起主要作用,也是事故的主要原因。

3. 事故教训

共同作业时必须进行可靠联络与大声复述。

思考题

1. 电梯安全管理的一般要求有哪些?
2. 用电安全要求有哪些?
3. 自动扶梯吊装安全方面需注意哪些内容?
4. 现场质量安全员的职责有哪些?

第6章 电梯建筑工程基础

由于电梯的安装工作与其他机电设备不同,是在工程现场完成的,因此电梯对建筑工程的要求就显得十分重要。由于电梯对于建筑整个工程来讲是很小的一部分,因此,对于传统的建筑设计,施工时有对电梯的土建要求做的不到位,或关心不够的情况发生。这样就给电梯的后期安装带来很多麻烦,也会影响电梯安装的整个工期。实际上,电梯的土建设计是由电梯制造厂和建筑设计部门共同完成的,制造厂家根据用户所订购的电梯类型、规格,把电梯对土建方面的要求提供给建筑设计及施工单位。同样,建筑工程师也应提供出影响电梯设计的有关信息。例如,对于高层建筑的摆动和垂直度问题,对电梯设计者来说意义重大,结构工程师应提供建筑物在两个方向上的摆动周期和幅值,以便电梯设计者判定在危险情况下,电梯是否能继续运行,同时根据摆动参数计算出钢丝绳在井道中的最大晃动值,决定是否需要采取晃动衰减措施。只有电梯制造厂家与建筑设计部门的紧密配合,才能保证电梯建筑工程更好地为电梯安装服务,最终顺利、高效地完成电梯安装任务。

6.1 电梯标准中对电梯建筑的一些规定

电梯属于特种设备,国家对特种设备的管理一向是特别严格的,关于电梯产品与建筑之间的关系,国标 GB/T 7025—2008《电梯主参数及轿厢、井道、机房的型式与尺寸》中对乘客电梯、住宅电梯、载货电梯、病床电梯、杂物电梯等的轿厢、井道、机房的形式和尺寸作了具体的规定。

6.1.1 GB/T 7025—2008 中对垂直升降电梯的规定

(1)乘客电梯、客货电梯、大流量频繁使用的电梯主要参数及轿厢、井道、机房形式和尺寸应符合表 6-1、表 6-2 和图 6-1 的规定。

表 6-1　乘客电梯、客货电梯、大流量频繁使用的电梯机房尺寸

（尺寸单位：mm）

参数	额定速度 v(m/s)	额定载重量/kg			
		320～630	800～1050	1275～1600	1800～2000
		$b_4 \times d_4$	$b_4 \times d_4$	$b_4 \times d_4$	$b_4 \times d_4$
电梯机房[a]	(0.63～1.75)	2500×3700	3200×4900	3200×4900	3000×5000
	(2.0～3.0)		2700×5100	3000×5300	3300×5700
	(3.5～6.0)		3000×5700	3000×5700	3000×5700
液压电梯机房[a]	(0.4～1.0)	住宅电梯：井道宽度或深度×2000 mm			

[a]、b_4、d_4 由于电梯结构的原因允许有所变动,并应符合相关的国家标准的规定。

表 6-2　乘客电梯、客货电梯、大流量频繁使用的电梯井道、轿厢尺寸

（尺寸单位：mm）

参数		住宅电梯				一般用途电梯			频繁使用电梯				
		额定载重量（质量）/kg											
		320	400/450	600/630	900/1000/1050	600/630	750/800	1000/1050/1150/1275	1350	1275	1350	1600	1800	2000
轿厢高度 h_4		2200				2300			2400					
轿门和层门高度 h_3		2000				2100								
底坑深度[a] d_3	额定速度 v_n/(m/s)												
	0.40[b]	1400							c					
	0.50	1400												
	0.63													
	0.75													
	1.00													
	1.50	c			1600									
	1.60													
	1.75													
	2.00	c	1750		c	1750			2200					
	2.50	c	2200		c									
	3.00								3200					
	3.50								3400					
	4.00[d]	c							3600					
	5.00[d]								3800					
	6.00[d]								4000					

(续表)

参数		住宅电梯				一般用途电梯			频繁使用电梯				
		额定载重量(质量)/kg											
		320	400/450	600/630	900/1000/1050	600/630	750/800	1000/1050/1150/1275	1350	1275	1350	1600	1800	2000
顶层高度[a] h_1	0.4[b]	3600				c								
	0.50	3600				3800		4200		c				
	0.63													
	0.75													
	1.00	3700												
	1.50	c	3800			4000		4200						
	1.60													
	1.75													
	2.00	c		4300		c		4400						
	2.50	c		5000		c	5000	5200		5500				
	3.00	c								5500				
	3.50									5700				
	4.00[d]									5700				
	5.00[d]									5700				
	6.00[d]									6200				

[a] 顶层高度 h_1 和底坑深度 d_3 由于电梯结构的原因允许有所变动,并应符合相关的国家标准的规定。
[b] 常用于曳引电梯。
[c] 非标电梯,应咨询制造商。
[d] 假设使用了减行程缓冲器。

(2) 病床电梯的主要参数及轿厢、井道、机房的形式与尺寸应符合表 6-3 的规定。

上述各类电梯,在各种类型的建筑物中所配置的电梯中至少有一台能使残疾人乘轮椅进出的电梯,这类用于残疾人的电梯必须满足这种用途要求的各种条件(尺寸、控制装置的位置等),并用"V"符号表示。

此类电梯井道水平尺寸是用铅垂测定的最小净空尺寸,允许偏差值:

对高度≤30 m 的井道为 0～+25 mm;

对 30 m<高度≤60 m 的井道为 0～+35 mm;

对 60m<高度≤90 m 的井道为 0～+50 mm;

对高度>90 m 的井道允许偏差应符合井道布置图要求(根据制造厂家设计要求)。

以上偏差仅适用于对重装置使用刚性金属导轨的电梯。如果电梯对重装置有安全钳时,则根据需要,井道的宽度和深度尺寸允许适当增加。

以上偏差允许为正值,与其他建筑偏差不同,如果按负值建造,就可能需要对有影响的区域进行井道改造或者对电梯设备进行重大改造。如果发生这种情况,将导致工期延误。

相邻两层站间的距离应符合：

对层门入口高度为 2 100 mm，不小于 2 550 mm；

对层门入口高大于 2 100 mm，不小于门高加上 450 mm。

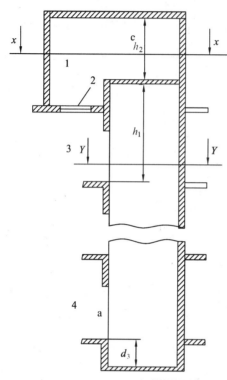
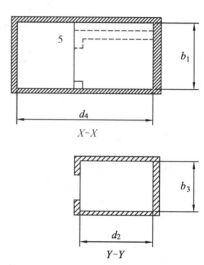

1. 机房 2. 活板门 3. 顶层端站 4. 底层端站
5. 井道和机房纵剖图 b_3. 井道宽度 b_4. 机房宽度
d_2. 井道深度 d_3. 底坑深度 d_4. 机房深度
d_1. 顶层高度 d_2. 机房高度

图 6-1 电梯井道、机房布置图

表 6-3 病床电梯井道、轿厢尺寸

(尺寸单位：mm)

参数			定载重量/kg			
			1275	1800	2000	2500
轿厢		高 h_4	2300			
轿门和层门		高 h_3	2100			
底坑深度[a] d_3	额定速度 v_n/(m/s)	0.63		1600		1800
		0.00		1700		1900
		1.60		1900		2100
		2.00		2100		2300
		2.50	2500			

(续表)

参数			定载重量/kg			
			1275	1800	2000	2500
顶层高度[a] h_1		0.63	4400			4500
		1.00	4400			4600
		1.60	4400			4600
		2.00	4600			4800
		2.50	5400			5600
机房[a]（如果有）	0.63~2.50	面积 A/m²	25		27	29
		宽度[b] b_4	3200			3500
		深度[b] d_4	5500			5800

[a] b_4、d_3、d_4、h_1、h_2 由于电梯结构的原因允许有所变动，并应符合相关的国家的标准的规定。
[b] b_4 和 d_4 为最小值，实际尺寸应能提供不小于 A 的地面面积。

（3）载货电梯的主要参数及轿厢、井道、机房的形式与尺寸应符合表6-4、表6-5的规定。

表6-4 载货电梯（水平滑动门）的井道、轿厢尺寸

（尺寸单位：mm）

参数	额定速度 v(m/s)	额定载重量（质量）/kg								
		630	1000	1600	2000	2500	3000	3500	4000	5000
轿厢高度 h_4		2100				2500				
轿门和层门高 h_3		2100				2500				
底坑深度[a] d_3	0.25 0.40 0.50 0.63 1.00	1400				1600				
顶层高度[a] h_1	0.25 0.40 0.50 0.63 1.00	3700			4200			4600		
电力驱动电梯机房[b] $b_4 \times d_4$		2500×3700			3200×4900			3000×5000		
液压电梯机房[b] $b_4 \times d_4$		井道宽度或深渡×2000								

注：其他的出入口配置可能会根据市场需求提供，这些变更会影响井道尺寸。

[a] 某些驱动型式和电梯结构有可能需要较大的顶层高度或底坑深度，并应符合相关的国家标准的规定。
[b] 机房尺寸和设备空间符合相关的国家标准的规定，并满足安装现场的情况。

表 6-5 载货电梯(垂直滑动门)的井道、轿厢尺寸

(尺寸单位:mm)

参数	额定速度 v_n/(m/s)	额定载重量(质量)/kg						
		1600	2000	2500	3000	3500	4000	5000
轿厢高度 h_4		2100			2500			
轿门和层门高 h_3		2100			2500			
底坑深度[a] d_3	0.25 0.40 0.50 0.63 1.00	1600						
顶层高度[a] h_1	0.25 0.40 0.50 0.63 1.00	4200			4600			
电力驱动电梯机房[b] $b_4 \times d_4$		3200×4900			3000×5000			
液压电梯机房[b] $b_4 \times d_4$		井道宽度或浓度×2000			b			

注1:对于采用门型式的最小楼层间距,咨询电梯制造商。
注2:其他的出入口配置可能会根据市场需求提供,这些变更会影响井道尺寸。
a. 某些驱动型式和电梯结构有可能需要较大的顶层高度或底坑深度,还应符合相关的国家标准的规定。
b. 机房尺寸和设备空间应符合相关的国家标准的规定,并满足安装现场的情况。

6.1.2　GB 16899—1997 中对自动扶梯和自动人行道的有关规定

(1)自动扶梯和自动人行道的出入口,应有充分畅通的区域,以容纳乘客。该畅通区的宽度至少等于扶手带中心线之间的距离,其纵深尺寸从扶手带转向端端部起算,至少为 2.5 m。如果该区域宽度增加至扶手带中心距的两倍以上,则其纵深尺寸允许减少至 2 m。如图 6-2 所示,图中 C 为两扶手带的中心间距。

(2)顶空距离:在梯阶/踏板上的任意点上,至少有 2.3 m 不受任何障碍的安全距离。特别指出,如果一台扶梯上的另一台扶梯的提升高度小于 3.3 m,就不可能达到 2.3 m 的顶空安全距离(如图 6-3)。

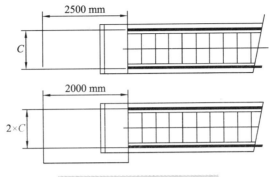

图 6-2 自动扶梯纵深距离

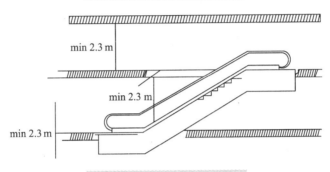

图 6-3 自动扶梯顶空距离

(3) 扶手带外缘至墙体或其他障碍物的水平安全距离必须大于 80 mm(如图 6-4)。

(4) 扶手带区上方垂直安全距离必须大于 2.1 m(如图 6-4)。

(5) 对楼面开孔或扶梯/人行道交叉布置,扶手带中心到障碍物的水平安全距离必须大于 0.5 m(如图 6-4)。

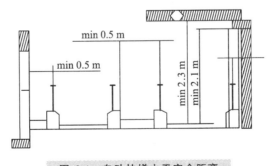

图 6-4 自动扶梯水平安全距离

6.2 垂直梯井道的土建要求

井道是电梯轿厢和对重运行的空间。为了达到防火的需要,井道壁必须全部用实体墙。井道顶部的隔层板称为顶板,底层站以下的井道空间称为底坑。

6.2.1 井道尺寸

根据所定电梯的额定载重量和额定速度,确定出轿厢的内净尺寸,再进一步推算出轿厢的外轮廓尺寸及井道尺寸。井道尺寸指内部的宽和深。它由轿厢的外轮廓尺寸、对重尺寸,轿厢和对重的间隙及各自与井道壁的间隙等加以确定。另外,它与对重的设置位置有关。如图 6-5 所示为对重后置式,如图 6-6 所示为对重侧置式。上述电梯标准 GB 7025—2008中给出了各种规格电梯的井道参考尺寸,设计时应尽量选用标准系列参数。

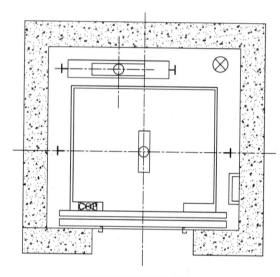

图 6-5 对重后置式

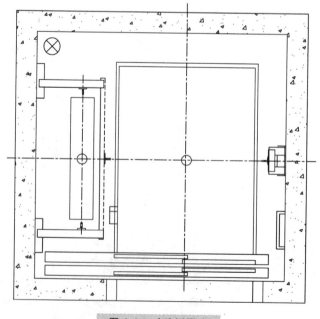

图 6-6 对重侧置式

为了提高建筑空间的利用效率,电梯井道的尺寸应尽可能小些,即在保证电梯安全运行的前提下,各部件之间的间隙尽量小。但其中必须做到:

(1) 轿厢与导轨安装侧的井道壁之间的间隙应不小于 200 mm,在这个间隙中除了安装轿厢导轨外,还要设置电缆、限速器钢丝绳、平层感应器、端站保护装置等。

(2) 轿厢与非导轨安装侧井道壁的间隙或对重与井道壁的间隙均不应小于 100 mm。

(3) 轿厢地坎与层门地坎间隙应不小于 30 mm,且大于 35 mm。

(4) 轿厢地坎与井道前壁间隙不得大于 150 mm,目的是防止人跌入井道及在电梯正常运行期间,将人夹进轿厢门和井道间的空隙中,这在折叠式门的情况下尤应注意,如果这个尺寸超标,需增加轿门锁或在井道壁上增加满足强度的防火护栏。

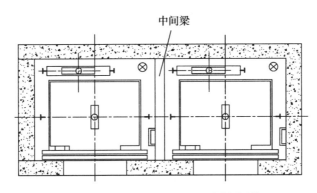

图 6-7 同井道电梯加中间梁结构

当一个井道中设置两台以上的电梯时,为了在两台轿厢之间装设导轨,需要有中间梁(如图 6-7)。中间梁可采用工字钢或槽钢架设,强度必须满足设计要求。当采用 5 m 长度的导轨时,由于一根导轨至少需要两个固定点,所以中间梁上下方向的安装间距要根据实际梯种进行导轨受力计算,同时还要满足导轨支架间距不大于 2.5 m 的要求。

无轿门的井道壁(面对轿厢入口侧)必须是光滑的,不允许有任何凸出物及凹口,这种电梯目前多用于别墅(家用)电梯厅门手拉门结构,一般这种电梯的速度不会超过 0.3 m/s。

对多台并列成排电梯的共用井道的总宽度,等于单梯井道宽度之和,再加上单梯井道之间的分界宽度之和,每个分界宽度最小按 200 mm 计。

6.2.2 顶层高度和轿厢顶部间隙

顶层高度是指单梯最高层站装饰后楼面与井道顶面下最突出构件之间的垂直距离。轿厢顶部间隙指轿厢停在最高层时,轿厢上梁顶面至井道顶面之间的高度。这两个值都是与电梯额定速度有关。它们要保证当对重装置完全将缓冲器压死时,轿顶仍有一定的安全距离,即应满足。

(1) 轿顶最高面积的水平面,与位于轿厢投影部分井道顶最低部件的水平面之间的

垂直距离不应小于 $1.0+0.035v^2$（单位：m），v 为电梯的额定速度。

（2）井道顶面的最低部件与固定在轿厢上的设备的最高部件之间的自由垂直距离不应小于 $0.3+0.035v^2$（单位：m）；井道顶的最低部件与导靴或滚轮、曳引绳附件和垂直滑动门的横梁或部件的最高部分之间的自由距离应不小于 $1.0+0.035v^2$（单位：m）。

（3）轿厢上方应有足够的空间，该空间的大小应以能容纳一个不小于 0.5 m×0.6 m×0.8 m 的长方体为准，任一平面朝下放置即可。

当轿厢完全把缓冲器压死时，对重导轨上方应有 $0.1+0.035v^2$ 的制导行程。

6.2.3 底坑

底坑对于任何类型电梯都是有必要的。底坑内除缓冲器座、导轨座及排水装置外，底坑底部应光滑平整，底坑不得作为积水坑使用。在井道设计时，应考虑如下几个问题：

1. 底坑深度

底坑深度是根据电梯的速度和额定载重来确定的。电梯的额定载重和额定速度愈大，则底坑越深。无论何种规格的电梯（家用电梯除外），其底坑深度不应小于 1.4 m。且当轿厢完全压实在缓冲器上时应同时满足：

（1）底坑中应有足够的空间，该空间的大小以能容纳一个不小于 0.5 m×0.6 m×1.0 m 的长方体为准，任一平面朝下放置即可。

（2）底坑底与轿厢最低部件之间的自由垂直距离不小于 0.5m。

（3）底坑底与导靴或滚轮、安全钳楔块、护脚板或垂直滑动门之间的净距离不得小于 0.1 m。

2. 底坑的承载

首先要考虑到安全钳或缓冲器动作瞬间，底坑底部的反作用力。具体可按下述方法计算：

轿厢缓冲器底座下部：$4g_n(p+Q)$(N)

对重缓冲器底座下部：$4g_nG$(N)

每根导轨底部：$10D_0+F$(N)

式中：

D_0——导轨质量(kg)；

g_n——重力加速度(m/s^2)；

F——安全钳动作时，每根导轨上产生的作用力(N)；

对滚柱式以外的瞬时安全钳：$F=25(P+Q)$ N；

对滚柱式瞬时安全钳：$F=15(P+Q)$ N；

对渐进式安全钳：$F=10(P+Q)$ N；

在计算底坑反作用力时，之所以要采用轿厢的自重和额定载荷之和，是因为在缓冲器作用时，所连接的对重继续向上运动，甚至跳跃，对重几乎不起作用。

电梯井道最好不要设置在人们能到达的空间上面。如果轿厢或对重底下确有人们能达到的空间,底坑的底面至少按 5000 N/m² 载荷设计,并且对重应设置安全钳装置,防止出现对重高速冲击缓冲器的情况。当对重无安全钳时,对重缓冲器必须安装在一直延伸到坚固地面上的实心桩墩上。

对直顶式液压梯,要在底坑地面中间留一孔,供油缸存放。由于直顶式液压梯通常不设轿厢安全钳,所以应选缓冲器的冲击载荷和柱塞支撑的载荷中较大的一个作为底坑设计的载荷。侧顶式液压电梯对底坑的冲击力类似于曳引电梯的计算。

3. 底坑施工要求

基底填平夯实,满足电梯地基受力要求,接缝平整、紧密,浇筑标号大于 C20 的混凝土应振捣密实。如果是冬季施工,则对电梯基础进行冬季护养,留置试块并做好砼强度报告。井道壁底坑部分全部应为钢筋混凝土结构。

6.2.4 井道开口

井道除了下述开口外,应是封闭的。

1. 层门开口

有的货梯和病床梯,在同一层站开有对应两个门口,以方便货物的装卸和病床车的出入。客梯从安全角度出发,一般不宜设两个门。对于区间性服务的电梯,往往在非服务楼层(也称盲层)不开设层门口,为了考虑电梯故障时营救需要,若相邻两层门地坎间的距离超过 11 m 时,其间应设安全门。安全门的高度不得小于 1.80 m,宽度不得小于 0.35 m。

2. 永久性开口

如机房与井道取得联系的钢丝绳孔、导向轮安装孔、电缆孔等,这些楼板孔应保证机件与孔间有一定间隙,应尽量减小开口尺寸。为防止油、水流入井道,凡机房中通向井道的孔,均在四周筑至少 50 mm 高的凸台。

3. 通向底坑的门

如果底坑深度超过 2.5 m 且建筑物的布置允许,应设置进底坑的门。

4. 通往井道的检修门和安全门。

5. 通风排气孔

井道应适当通风,井道不能用于非电梯用房的通风。井道通风面积应不小于井道截面积的 1%,在符合通风要求情况下,通风孔往往为井道顶部的永久性开口所代替。对于高速梯,还要解决井道的排气和增压问题。特别对于混凝土浇筑成形的后墙和侧墙的井道,为了排气,需要考虑在井道的顶部和底部设有排气口。增压排气口所需随井道截面积和电梯层门口的数量不同而变化,具体在设计通风时确定。

6.2.5 其他注意事项

(1) 井道中不设置给水设施、煤气管以及非电梯用的管线配线。

(2) 消防用电梯的井道、机房与相邻电梯井道,机房之间采用耐火极限不低于2.5 h的墙隔开,如在隔墙上开门(层门以外的门)时,应设甲级防火门(耐火极限为1.2 h的门)。

(3) 消防用电梯的底坑应设排水设施。

6.3 机房的土建要求

机房可以设置在井道顶部,也可以设置在井道底部,后者结构复杂,建筑物承重大,对井道尺寸要求大,只有在不得已情况下才使用,大多情况使用的是前者。对于无机房井道,主机与控制系统通常装于顶层,节省了一个电梯机房,但从效果考虑,还是有机房更优。

6.3.1 机房的大小

机房尺寸应足够大,以允许维修人员安全和容易地接近所有部件,特别是电气设备。各类电梯对机房面积的要求不相同,一般至少为井道截面积的2倍以上。对于交流电梯为2~2.5倍,对直流电梯为2.5~3倍。对于汽车梯和病床梯,它们的轿厢面积大,在不妨碍设置和管理机器的情况下,机房大小可不受这一限制。由于市场的新需要,现在出现了小机房电梯,一般机房面积是井道面积的1~1.5倍。如不与井道面积等大,通常井道截面部分有几十厘米到一米多的高台。在这种情况下,在高出地坪500 mm以上的部分应设置护栏和上高台的台阶或爬梯,要求台阶或爬梯有左右防护。

机房内供活动和工作的净高度在任何情况下不应小于1.8 m。一般,电梯额定速度 v 小于1 m/s时,机房高不小于2 m;当 v 在1~2.5 m/s之间时,机房高不小于2.2 m;当 v 在2.5~3.5 m/s时,机房高不小于2.5 m;当 v 大于3.5 m/s时,机房高不小于2.8 m。当然还与载重有关。

6.3.2 机房的通风

为了保证电梯的正常运行,机房内的环境温度应保持在5 ℃~40 ℃之间。机房内的最大热源是曳引电动机,如果采用电动机-发电机组的话,则是发电机。另外机房处于屋顶的话,几乎全天曝晒于阳光之下。因此机房应有良好的通风,通过自然通风或空调装置使机房的温度不高于40 ℃,相对湿度不大于85%(25 ℃时)。

6.3.3 机房的机器布置

1. 控制屏

控制屏壁前面至少应有 0.7 m 空距,从拉手装置测起可减少到 0.6 m。宽度方向空距为 0.5 m 或控制框的全宽度,两者中取大者。

2. 曳引机、限速器等

曳引机旋转部件的上方至少应有 0.3 m 的垂直净空距离。为了对各种运动部件进行维修和检查(如电机手盘轮操作),要有一块至少 0.5 m×0.6 m 的水平净空面积。

3. 通道

通往净空场地的通道宽度,至少为 0.5 m,对没有运动部件的地方,此值可减少到 0.4 m。

6.3.4 机房的承重

机房承重梁的总负载可根据下式求出

$$R_0 = R_S + R_D \text{(N)}$$

式中 R_S 为静负载重量,其值为

$$R_S = (Q_Y + Q_L)g \text{ (N)}$$

R_D 为动负载重量,其值为

$$R_D = 2(P + Q + G + Q_G)g \text{ (N)}$$

式中:

Q_Y——曳引机自重(kg);

Q_L——包括导向轮、控制屏、限速器及所有任一支撑的机房地板上所有设备的重量之和(kg);

Q_G——包括曳引钢丝值、补偿值、控制电缆的自重之和(kg);

2——动载系数。

如果确定了总负载重量的作用点,就可按承重梁最大弯矩点来计算应力,并计算安全系数,一般承重梁的安全系数要大于 4。

机房地板应能承受 6000 Pa 以上的压力,且采用防滑材料,如抹平混凝土、波纹钢板等。

为了设备的搬运,在机房顶板或上横梁的适当位置上应设置一个或多个金属支架吊钩。吊钩承重一般应是被升机器重量的 2 倍以上。吊钩主要吊装曳引机、轿厢等组件。对于额定载重不大于 1000 kg 的电梯,吊钩承重至少为 2 t。对于额定载重不大于 2000 kg 的电梯,吊钩承重至少为 3 t。对额定载重不大于 5000 kg,吊钩承重至少为 4 t。而超高层大楼用的电梯则必须设 10 t 以上的吊梁。吊钩用红油漆涂成红色,且有明显的承载标识。

6.4 无机房电梯井道的顶层土建要求

对于无机房电梯来讲,不设置机房,电梯的曳引机与控制系统、限速器等部件均设置在电梯的顶层或底层,也有将曳引机放置在轿厢上的结构,由于效果很难做好,因此,很少有人采用。各种布置方式对于土建要求有所不同。主要布置形式如图 6-8 所示。

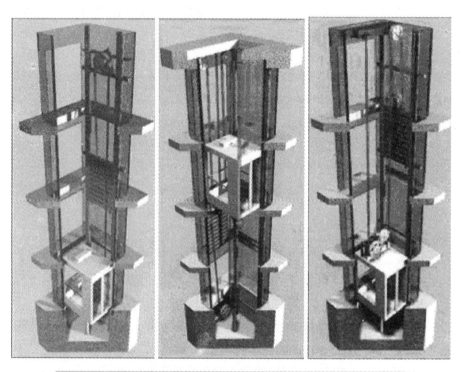

图 6-8 无机房布置形式:依次主机上置、主机下置、主机位于轿顶

6.4.1 曳引机等位于井道顶层空间

这一方案是采用体型比较小而薄的曳引机,使其能安放在井道顶层轿厢和井道壁之间,而把控制柜与顶层层门装成一体。其主要优点是驱动主机和限速器与有机房电梯受力工况相同以及控制柜调试维修方便。其主要缺点是电梯额定载重量、额定速度和最大提升高度受驱动主机外形尺寸制约和紧急盘车操作复杂困难。由于没有机房,固定曳引机钢梁的承重梁要满足各电梯公司提出的受力要求。如果主机钢梁前后布置,且钢梁与门机的机械部件垂直方向有重影,那么电梯的顶层高度就要更大。同时,无机房的机构

只有主机特别小巧,且井道的总体布置特别紧凑,才能更充分利用电梯井道空间,否则,无机房对电梯井道的利用并不高效。

6.4.2 曳引机等位于井道底坑空间

这一方案是将曳引机安放在底坑内,而把控制柜挂在靠近底坑的轿厢和井道壁之间。其最大优点是增加电梯额定载重量、额定速度和最大提升高度不受驱动主机外形尺寸限制和紧急盘车操作方便容易。其主要缺点是由于驱动主机和限速器受力工况与普通电梯不同,因此必须进行改进设计。这种布置在井道顶层增加了至少两个反绳轮,反绳轮固定在承重梁上。而这种布置承重梁所受承载力为曳引机上置式的两倍。下曳引方式对占用空间来讲比上置式要多,且结构复杂,系统总效率会有所降低,属于迫不得已的选择。

6.4.3 曳引机等固定在轿厢顶上

这种结构由于主机可能是震动好噪音的源头,因此在实际工程中很难解决,因此,很少有公司采用这种结构。其承重梁的受力等同于曳引机上置。

无机房电梯的结构对于整个建筑是减少了机房,但对于电梯制造单位的要求就更加高了。主机与轿厢同在井道内,势必主机噪音比较大时,更容易传播到轿厢内。大多数无机房结构采用轿底轮结构,那么,这种结构减震方面制造要求要复杂的多。

6.5 电梯在建筑物中的布置及电梯的合理配置

6.5.1 电梯在建筑物中的位置布置

合理的土建布置才能使电梯的作用有效发挥,才能保证电梯的顺利安装。这里将涉及电梯的土建布置图,它是建筑设计、施工及电梯安装人员必需的资料,包括电梯位置平面图、电梯井道平面图、井道纵剖面图、机房平面图、井道和机房的混凝土预留孔等。图中还应标明电梯的基本参数、电源要求及注意事项。

6.5.1.1 电梯在建筑物中的布置原则

(1) 电梯是出入大楼人员经常使用的工具,因此要设置在进入大楼的人容易看到且离出入口近的地方。一般可以将电梯对着正门或大厅出入口并列布置(但对于超高层建筑为避免井道风的作用应阻止正门进入的风直接吹向层门);也可将电梯布置在正门或大厅通路的旁侧或两侧。为了避免靠近正门或大厅入口的电梯利用率高、较远的利用率低的情况,可将电梯群控,或将单梯分服务层设置。

(2) 百货商场的电梯最好集中布置在售货大厅或一端容易看到的地方,当有自动扶梯设置时综合考虑决定二者位置,而工作人员和运货用电梯应设置在顾客不易见到的地方。

（3）为便于梯组的群控,大楼内的电梯应集中布置,而不要分散布置(消防电梯可除外)。对于电梯较多的大型综合楼,可以根据楼层、出入口数量和客货流动路线分散布置成电梯组。同组群控的电梯服务楼层一般要一致。

（4）同组群控的电梯相互距离不要太大,否则增加候梯厅乘客的步行距离,乘客还未到达轿厢就出发了。因此直线并列的电梯不应超过4台(如图6-9);5～8台电梯一般排成两排厅门面对面布置(如图6-10);8台以上电梯一般排成"凹"形分组布置(如图6-11)。呼梯按钮不要远离轿厢。候梯厅深度应参照GB/T 7025.1—2008第4.3章的要求。

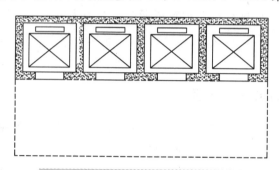

图6-9　4台电梯的布置(旁侧布置)

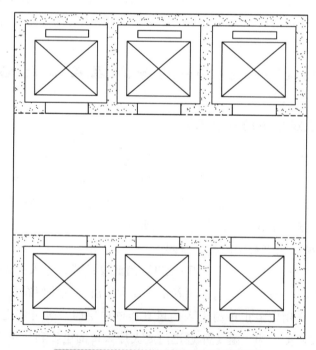

图6-10　6台电梯的布置(对称布置)

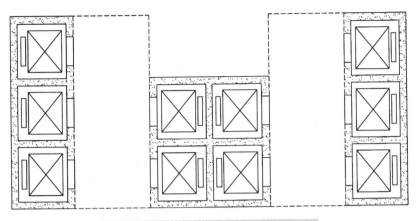

图 6-11　10 台电梯的布置(凹形布置)

(5) 为了乘客方便,大楼主要通道应有指引候梯厅位置的指示牌;候梯厅内、电梯与电梯之间不要有柱子等突出物;应避免轿厢出入口缩进;不同服务层的两组电梯布置在一起,应在候梯厅入口和候梯厅内标明各自服务楼层,以防乘错造成干扰;群控梯组除首层可设轿厢位置显示器外,其余各候梯厅不要设,否则易引起乘客误解。

(6) 若大楼出入口设在上下相邻的两层(如地下有停车场、地铁口、商店等),则电梯基站一般设在上层,不设地下服务层,两层间使用自动扶梯,以保证电梯运输效率。对于地下入口,交通量很少时可设单梯通往地下,或在候梯厅加地下专用按钮。

(7) 对于超高层建筑,电梯一般集中布置在大楼中央,采用分层区或分层段的方法。候梯厅要避开大楼主通路,设在凹进部位以免影响主通路的人员流动。

(8) 医院的乘客电梯和病床电梯应分开布置,有助于保持医疗通道畅通,提高输送效率。

(9) 对于旅馆和住宅楼,应使电梯的井道和机房远离住室(如井道旁是楼梯或非住室),避免噪声干扰住室,必要时考虑采用隔声材料隔声。

(10) 电梯的位置布置应与大楼的结构布置相协调。

(11) 候梯厅的结构布置应便于层门的防火。

6.5.1.2　自动扶梯的布置型式

自动扶梯的布置型式对于单列有连续线型、连续型、重叠型;对于复列有并列型、平行连续型、十字交叉型。如图 6-12、图 6-13、图 6-14、图 6-15 所示。

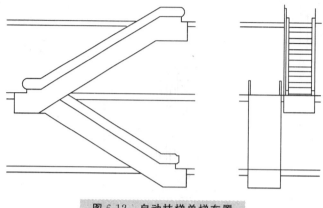

图 6-12 自动扶梯单梯布置

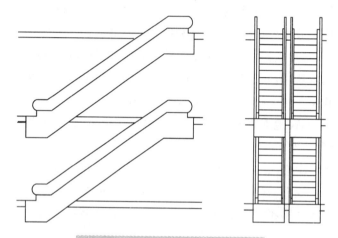

图 6-13 自动扶梯两台平行布置

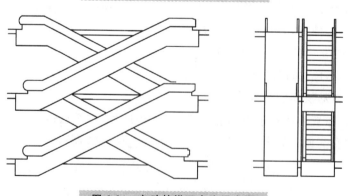

图 6-14 自动扶梯两台交叉布置

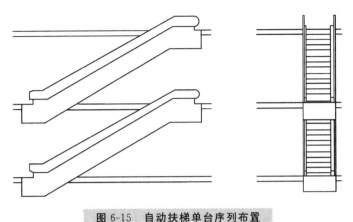

图 6-15 自动扶梯单台序列布置

6.5.1.3 自动扶梯和自动人行道土建其他方面的要求

（1）偏差要求：

土建工程应按照土建布置图进行施工，且其主要尺寸允许偏差应为：

提升高度：±15 mm；跨度：0～+15 mm。

提升高度和（水平）跨度是自动扶梯或自动人行道井道的两个主要技术参数。如果井道的提升高度尺寸误差偏大，则可能造成自动扶梯或自动人行道无法安装；偏小则会造成楼面和自动扶梯或自动人行道的盖板接合处不在同一平面上，这不仅影响美观，而且乘客进出时容易绊倒引发危险。如果井道在跨度方向上的尺寸误差偏大，则可能造成土建支撑点支撑不到或者部分支撑自动扶梯或自动人行道井道，这很容易引起垮塌，造成安全事故。因此，规范对提升高度和（水平）跨度两个主要尺寸规定了允许误差范围。

（2）根据产品供应商的要求，应提供设备进场所需的通道和搬运空间。

根据自动扶梯或自动人行道安装工程特点可知，它们采用整体或分段进入现场，体积较大，运入安装位置时需要必要的通道和调运空间。为防止设备、建筑物被损坏或保证自动扶梯或自动人行道安装工程的顺利进行，各相关部门应协调配合，为自动扶梯和自动人行道设备进场提供必要的通道和搬运空间。在通道口应设有吊装设备的吊运装置。

（3）在安装之前，土建施工单位应提供明显的水平基准线标志。

水平基准线标志是指每层楼面完工地面的标识线，一般此标志画在墙上或柱子上，是自动扶梯或自动人行道上、下盖板的基准线。许多建筑工程自动扶梯或自动人行道安装工程在前，装修工程在后，因此此标志非常重要。如果没有此基准线或此基准线不准，则会造成上、下盖板与完工地面不平，这不利于乘客进出自动扶梯或自动人行道，容易绊倒乘客，以及当地面偏高时，液体可能流入井道及自动扶梯或自动人行道内。

（4）电源要求：电源零线或接地线应始终分开，接地装置的接地电阻值不应大于4Ω。电梯供电系统最迟从进入机房起，电源零线或接地线应始终分开；对于无机房电梯，最迟从进入控制开关起，电源零线和接地线应始终分开。

6.5.2 电梯的合理配置

早期大楼内电梯的设置台数是由经验确定的,即按照大楼的人数、房间数以及电梯的主参数进行估计。20世纪70年代,开始流行基于电梯在客流高峰情况下往返一次运行时间的手工计算的交通分析法(常规计算法),这是一种开创性的方法,直到今天仍然被用作简单的验算。但是这种方法仅是粗略的计算,没有涉及多台电梯的负载及运行间隔均匀的问题(群控调度)。20世纪90年代,运用计算机编程的分析法和仿真法被开发。如今人们正在研究利用计算机专家系统、模糊逻辑、神经网络等人工智能技术来描述电梯交通系统的动态特性,进而完成大楼电梯的整体配置。

乘客的候梯时间(根据大楼用途有不同的评定范围)和乘梯时间(一般不超过90 s)是评定电梯服务质量的两个重要指标,也是交通分析的重要内容。交通分析就是根据大楼的用途,考虑大楼内外人员的实时流动情况,结合电梯系统本身的特征(如主参数、操纵控制方式等)经过计算得出满足大楼输送要求的电梯台数及分配。交通分析时必须掌握大楼的客流状态,如上行客流高峰、下行客流高峰、上下行客流平衡、上行客流较下行客流量大、下行客流较上行客流量大、频繁的层际客流、空闲时的客流等状态。

除了交通分析外,选择电梯台数时还应注意:
(1) 应考虑到大楼完成数年后客流交通的变化;
(2) 台数设置应满足各类建筑设计规范要求的最低配置;
(3) 大楼一般不能只配1台电梯(单元式住宅楼除外),否则一旦停机,大楼交通就会瘫痪。

为了便于理解交通分析,我们简单介绍一下常规计算法。分析法和仿真法由于涉及较多环节,在此不再赘述。

6.5.2.1 垂直梯流量分析

(1) 找出大楼客流高峰。对于办公楼客流高峰一般出现在早晨上班到达时间(典型的上行高峰)、下午下班回家时间、午饭到餐厅就餐时间;住宅楼出现在早晨出去上班时间和傍晚回家时间;旅馆出现在就餐时间,会议厅开会或闭会时间,中午前退房结账时间;医院出现在病人探视时间;百货商场出现在星期日接近中午时间(由于使用自动扶梯而使电梯客流高峰呈现不确定性,一般平均按电梯承担10%~20%的客流,自动扶梯承担70%~80%的客流,步行为10%的客流)。

(2) 确定电梯的服务形式。电梯的服务形式主要有:单程快行(典型的上行高峰服务形式),单程区间快行,各层服务或隔层服务,往返区间快行,单程高层服务,单程低层服务。

(3) 计算单梯往返一次运行时间(RTT)。该时间包括乘客出入轿厢时间,开关门总时间,轿厢行驶时间,损失时间(一般取乘客出入轿厢时间与开关门总时间之和的10%)。

在计算以上这些时间时,涉及以下几个变量:

① 乘客人数 r，取轿厢容量的 80%；
② 单次开关门时间；
③ 额定速度与加减速度；
④ 轿厢服务层数 n（除基站外）；
⑤ 可能的停站数 f，包括短区间可能的停站数和快行期间的停站数，应用概率论计算。例如，对于单程快行服务形式 $f=n[1-(1-1/n)r]+1$；
⑥ 层高与楼层数。

（4）验算输送能力。若大楼配置电梯数为 N 台，则电梯在主端站的运行间隔时间 INT=RTT/N，乘客平均候梯时间 AWT=(50%~65%)INT。一般对于办公楼要求 INT≤40 s，住宅楼 INT≤90s，旅馆 INT≤50 s。每 5 min 内 N 台电梯的总输送能力 HC=300rN/RTT（人），如果 HC 超过或等于乘客在高峰期间 5 min 内的到达数则设计就满足了。有时还希望算出高峰期间 HC 占大楼全部人员的百分比，使之不小于大楼客流高峰期间 5 min 的百分比到达率 A（如对于上行高峰状况，指在客流最集中的 5 min 内到达建筑物门厅准备上行的乘客数与大楼乘客总数的百分比，一般对办公楼 A=14%~20%，住宅楼 A=3%~7.5%，旅馆 A=10%~15%）。

（5）举例：某出租写字楼，大楼共 12 层，层高 3.5 m，每层建筑面积 570 m²，可租用面积系数为 75%，每人占用办公面积 7m²/人，现有额定载重 1150 kg（17 人），额定速度 2.5 m/s 的电梯供选用，试为该楼选电梯。

计算步骤：
① 初步选定额定载重 1150 kg（17 人）、额定速度 2.5 m/s 的电梯 4 台。
② 计算该电梯运行一周的时间（采用查曲线法）：

$$\text{RTT}=\frac{2H_m}{v}+t_a=\frac{2(N-1)h}{v}+t_a=\frac{2\times(12-1)3.5}{2.5}+102=132.8(\text{s})$$

式中 t_a=102s 是查图 6-16 的 t_a 曲线得到的。
③ 全楼使用电梯人数

$$M=M_1\cdot N=\frac{N\cdot K_S\cdot S_{ji}}{S_t}=\frac{12\times 75\%\times 75}{7}=733(\text{人})$$

④ 所选电梯每 5 min 的输送能力

$$\text{LS}=\frac{300\cdot L\cdot(\text{PU}+\text{PD})}{M\cdot\text{RTT}}=\frac{300\cdot L\cdot(K_U\cdot\text{CC}+K_D\text{CC})}{M\cdot\text{RTT}}$$

$$=\frac{300\times 4(0.8\times 17+0\times 17)}{733\times 132.8}=16.8\%>\text{LJ}=15\%$$

LS=>LJ，因此输送能力满足要求。

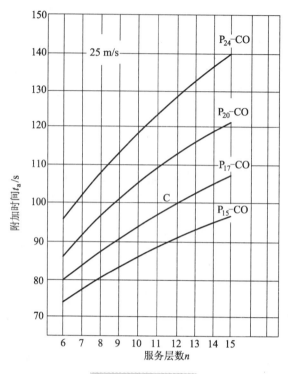

图 6-16 t_a 曲线

⑤ 平均运行间隔

$$INT = \frac{RTT}{L} = \frac{132.8}{4} = 33.2(s)$$

与乘客期望的平均候梯时间相比,符合较好标准。

所以,选用 1150 kg(17 人)、额定速度 2.5 m/s 的电梯 4 台能够满足该楼的交通需求。

6.5.2.2 自动扶梯流量分析

自动扶梯的主要参数有提升高度 $H(m)$,输送能力 $Q(人/h)$,梯级运行速度 $v(m/s)$,梯级宽度 $B(m)$ 及梯路倾角 $\alpha(°)$。自动扶梯的理论输送能力是指每小时输送的乘客数,计算式为:

$$Q = 3600 nv\emptyset/t。$$

式中:n——每一个梯级上站立人员的数目(当 $B=0.6$ m 时 $n=1$,当 $B=0.8$ m 时 $n=1.5$,当 $B=1.0$ m 时 $n=2$);

$\emptyset$——梯级运行速度对自动扶梯满载的影响系数,$\emptyset=0.6(2-v)$;

t——两梯级间的节距,m。

一般认为自动扶梯的实际输送能力是理论输送能力的 60%。如果客流量超过了实际输送能力,则乘客在自动扶梯前的候梯区排成了队。

举例:某商业建筑为高档品牌专卖店,采用店中店模式,营业区内长边长度超过 100 m,则主通道宽度为 3.2 m,按照顾客行走的最大速度为 0.5 m/s,每人所占 0.8m 半径的圆面积,即 2 人/m²,则通过该主通道单位小时内的人数 Q=(0.5 m/s)×(2 人/m²)×(3600s/h)×(3.2 m)=11520 人/h。由于双向双通道,上下使用自动扶梯的人数为 5760 人,即选择自动扶梯的实际运输能力大于 5760 人即可。1000 mm 梯级宽度、0.5 m/s 自动扶梯理论输送能力可以达到 9000 人/h,因此满足使用要求。由于营业区长边长度超过 100 m,根据乘客搭乘舒适度原则,应该选择两组自动扶梯。

6.6 电梯噪音难题的解决思路

声音(包括噪音)的形成,必须具备 3 个要素,首先要有产生振动的物体,即声源,其次要有能够传播声波的媒介,最后还要有声的接受器,如人耳、传声器等。

声音是由物体振动产生的,而振动在弹性介质中的传播形式就是声波,处于一定频率范围内(20~20000 HZ)的声波作用于人耳就产生了声音的感觉。

物体振动是产生声音的根源,但并不是物体产生震动后一定会使人们听到声音。因为人耳能感觉到的声音频率范围只是在 20~20000 Hz 之间,这个频率范围的声音称可听声,频率低于 20 Hz 的声音称为次声,频率高于 20000 Hz 的声音称为超声。次声和超声对于人耳来说都是感觉不到的。

6.6.1 电梯噪音治理一直是一个难题

我国房地产的快速发展使得电梯成为人们生活中不可缺少的垂直运输交通工具。在短短的十几年间,国内电梯行业已先后经历了交流双速、交流调速、变频调速、调频调压调速(VVVF)、无机房及永磁同步技术的变革,外国一百年多年走过的路,我们仅仅利用三十几年的时间完成了技术更新换代的变革。正是由于电梯的快速发展,与基于房地产建筑设计经验不足所引起的矛盾,使得电梯噪音问题在目前的建筑中非常普遍。且随着国人法治意识及健康意识的不断增强,有关"电梯噪声"的投诉及官司越来越多,"电梯厂家"更成了在业主们投诉和"发展商"施压下的"替罪羊"。然而,在科学快速发展的今天,为什么一个小小的"电梯噪音"课题却成了国内的技术难题呢?

(1)电梯噪声多数都是由建筑结构固体传声引起,但往往电梯噪声的发现都是在大厦电梯投入使用一段时间以后(因为只有在大厦入住率较高,电梯使用频率越来越高的情况下,电梯噪声的危害和影响才会更明显表现出来),但往往这个时候大厦的建筑结构已经没法更改。因此电梯噪音的治理,便成了一种事后的补救措施(目前的发展商在追求实现最大套内面积的情况下往往会忽略了电梯噪声的存在,就算当时考虑到了也会因为经验不足把问题简单化了)。由于电梯噪声属低频噪声污染,因此不同于一般的噪声治理(一般的噪声是空气作为传声媒质,而电梯的噪音主要表现为低中频振动,它的主要传播途径为振动型固体传声。因此常规的隔音板、吸声棉或隔声墙的方法只能降低以空气作为传声媒质的噪声,而对电梯低频噪音传动降低作用不大),在建筑结构没办法改变的情况下,"噪声的音源"的治理便成了唯一的解决途径。

(2)电梯是国家指定的特种设备,由于其噪音的低频传声特性,因此不能用常用的降噪吸声或隔声方法进行治理;其中更大的原因是因为"电梯噪音治理"横跨了两个行业,而且电梯实现降噪后还要考虑到降噪是否影响电梯的安全运行(电梯是特种设备,关系人身安全)。俗话说"隔行如隔山",由于电梯是涉及人身安全的特种设备,施工需要具备相应的操作资质,且涉及国家电梯验收标准,因此国内的专业噪音治理的公司往往因为不懂电梯的结构及有关参数标准或没有具备相应的施工资质无法对电梯噪声进行治理;而懂具备资质又懂得电梯参数和结构的电梯公司却因为不具备"噪音治理"的专业知识和技术,也无法对电梯噪声进行彻底根治。很多受困扰的业主、物业公司、地产公司和电梯公司在找不到治理方法的情况下也很无奈,因为房子建好了,建筑结构也就肯定改不了。因此,电梯噪声便成了横跨在"电梯"和"环保"两个行业边缘地带的国内技术难题!

6.6.2 建筑设计噪声的解决方案

降低电梯在建筑物内的噪音应从根源抓起,从建筑设计角度考虑环境噪声影响最小的建筑布局,充分利用地形或建筑物的隔音屏障的效应,使噪声降低到最低限度。

建筑隔音措施必须在设计时就要考虑,因为建筑物完工后往往很难补充实施。在建筑中,对声音传递起决定作用的墙壁和房顶结构应是重型的,且具有较好的抗弯能力。一般隔音差的墙壁抗弯能力差,非重型的地板在某些情况下由于其固有谐振频率较低,会加强电梯在起制动过程中低频振动噪声的辐射。为了使居住房隔音,电梯机房和井道与住房的布置可采用如下几种方式:

(1)建筑上完全隔音,如图 6-17 所示。电梯井道与其他建筑物始终是以隔离的方式达到。这里井道壁与住房壁至少都有 350 kg/m² 的单位面积质量,两墙之间的填料至少有 30 mm 厚,且该填料应能缓冲固体内声音的传播。

(2)楼梯将住室与井道隔开,如图 6-18 所示。这种情况下电梯井道与住室有一定空

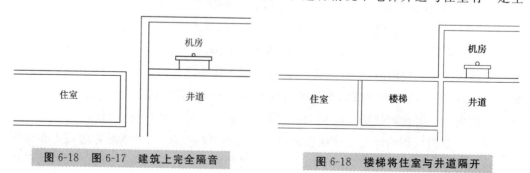

图 6-18 图 6-17 建筑上完全隔音　　　　　图 6-18 楼梯将住室与井道隔开

间,此时住室与楼梯间隔墙的单位面积质量至少为 350 kg/m², 而井道壁在采用实心结构的情况下至少要由 20 cm 厚的硅墙构成(其单位面积质量必须大于 480 kg/m²)。

(3) 住室旁设轻型隔墙,如图 6-19 所示。在靠近井道的房间不许设住室,只能通过一道轻型隔墙与相邻的住室封闭。这种情况下井道壁单位面积质量至少为 550 kg/m²。

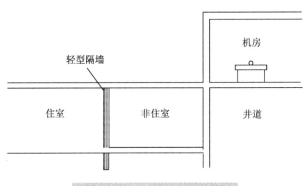

图 6-19　住室旁设轻型隔墙

(4) 采用固体传音隔离,如图 6-20 所示。如果要让一个住室的位置直接靠在电梯井道周围,那么井道壁至少有 550 kg/m² 的重型结构,而且井道顶要在牛腿柱上加隔声垫。较为适宜的隔声材料有:压缩软木板,厚 15～20 mm,硬度为肖氏 60～70 A 的橡胶或氯丁二烯板,井道顶板厚度应大于 200 mm。

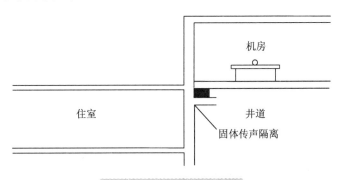

图 6-20　固体传音隔离

(5) 机房设在地下室的隔音方法,如图 6-21 所示。当住宅直接与井道靠近时,用单位质量大于 480 kg/m² 的井道壁就够了,前提是驱动装置采用固体声隔离材料的地下室地板上作垫,但在机房附件不设住室。

(6) 机房设在地下室上方的隔音方法,如图 6-22 所示。若采用单位面积质量大于 480 kg/m² 的混凝土墙,则厚度至少应为 20 cm。砖墙的壁厚须为 24 cm,转为实际密度应大于 1.8 kg/m³。

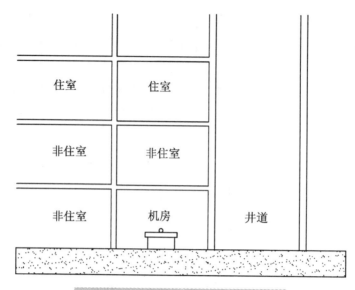

图 6-21 机房设在地下室的隔音方法

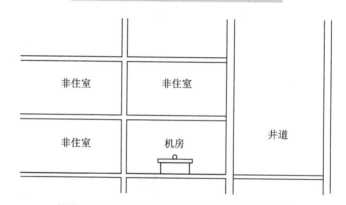

图 6-22 机房设置地下室上方的隔音方法

6.6.3 电梯产品本身噪音问题的解决

电梯产品本身的噪音主要表现形式有两种：一是耳朵听到的噪音，一是人乘坐电梯时的振动。而解决电梯本身的噪音问题主要从机械和电气两个方面解决。

1. 机械方面的原因及调整措施

(1) 曳引机不平衡质量的旋转是引起曳引系统机械谐振的主振源。对于新装电梯，在设计与制造加工时，已对此进行了考虑，一般不存在此因素；如果在调试现场发现这种情况，就必须进行旋转质量的平衡处理，或予以更换。对于在用电梯，在磨损或更换曳引机的部分配件时，因配件质量及安装工艺等因素很容易引起不平衡。例如，某酒店 1 台电梯因曳引轮磨损进行了更换，由于装配工艺不合理，造成旋转质量不平衡，修理后出现较严重的振动。

(2) 蜗轮与蜗杆间隙不合适。此种因素一般发生在电梯的使用上,由于磨损而造成。

(3) 电磁制动器两侧间隙不均匀,造成运行时松紧不均,应调整两侧间隙使其为 0.5~0.7 mm。对于永磁同步主机,此间隙最小可以调整到 0.05~0.10 mm,以闸瓦和制动轮不产生摩擦或个别点有微小摩擦为宜。

(4) 减振措施不当,绳轮转动不灵活。

(5) 导轨连接螺栓松动、轿厢体螺栓松动、曳引机座与承重梁固定螺栓松动,均会引起运行振动或抖动,对相应部位紧固即可。

(6) 导轨安装不垂直,轨距在全长范围内误差大,导轨接头不平而形成的台阶较大等。这些需按国家规定进行校正处理。

(7) 轿厢倾斜或较重货物放置于轿厢一侧引起轿厢倾斜,均会造成较强烈的抖动。应调整或正确放置,使其倾斜度不大于 3‰。

(8) 曳引钢丝绳受力不均匀,易形成异常抖动,从而带动轿厢抖动,应对其进行调整,使各绳拉力差不大于±5%。

(9) 安全钳楔块与导轨间隙不均,造成磨轨,应予以调整。

2. 电气方面原因及调整措施

(1) 测速反馈的干扰信号是导致系统振荡和机械谐振的重要原因之一。现代电梯一般采用光电码盘作为速度反馈信号,除了注意其自身质量外,还要注意其与电动机的连接。平时要注意清洁,以免灰尘遮挡而造成其接发脉冲不正常。还要注意保护盘片,不使其扭曲、损坏,否则应更换。

(2) 由于谐波力矩造成电动机低速脉动,使轿厢垂直振动。这种振动与系统转动惯量有关系。此外,还与调节器参数是否匹配、三相电压的对称性和三相电流的平衡程序等因素有关。所以,应仔细调整调节器参数,调整三相电流对称性。还要注意,低速给定值不能过低。

(3) 由于负载的随机变化,引起系统飞轮矩的变化。

(4) 中速给定速度落在机械谐振区域,引起振动较大。应将中速给定值重新整定,使其离开谐振区。

总之,引起电梯运行过程中噪音和振动的原因较多,可能是某一因素,也可能是多种因素综合造成的,应结合实际情况采取相应措施。

6.7 电梯土建基本知识介绍

作为电梯技术人员,应对与电梯有关的建筑图纸和电梯土建布置图非常熟悉,应对电梯有关的所有建筑结构特别熟悉。土建图的作用主要有以下几点:

(1) 反映与电梯有关的建筑物实际情况;

(2) 表达销售合同中对电梯产品土建的约定;

(3) 反映工厂生产时所需的参数；

(4) 指导工地安装。

6.7.1 土建基本知识的基础

1. 主要名词

(1) 墙体性质；(2) 主机类型；(3) 主机正逆置；(4) 井道、机房支反力；(5) 机房、顶层与底坑；(6) 轿内高度；(7) 吊钩大小及其位置；(8) 局部抬高、架机梁加长；(9) 对重加安全钳；(10) 对重布置形式；(11) 旁开门、中分门、双开门；(12) 井道安全门；(13) 最小层高；(14) 预埋件、膨胀螺栓、导轨档距；(15) 钢牛腿及水泥牛腿；(16) 厅外及机房预留孔；(17) 墙厚加装饰；(18) 槽钢修井及中间墙为钢梁。

2. 常用建筑材料

表 6-6 常用建筑材料

序号	名称	图例	说明
1	夯实土壤		
2	沙、灰、土		
3	沙砾石		
4	普通砖		
5	耐火砖		
6	空心砖		包括多孔砖
7	混凝土		1. 本图例仅适用于能承重的混凝土及钢筋混凝土
8	钢筋混凝土		2. 断面较窄,不易画出图例线时,可涂黑
9	金属		1. 包括各种金属 2. 当图形小时可涂黑

3. 墙体性质

(1) 合格井道墙体：

表 6-7　合格井道墙体

墙体性质		备注
混凝土	墙体厚度≥120 mm	打膨胀螺栓
	墙体厚度<120 mm	打穿墙螺栓
混凝土墙＋预埋件		埋件或圈位置按电梯安装档距要求设置
实心砖墙＋预埋件		
砖墙＋圈梁		

(2) 不合格井道墙体：

表 6-8　不合格井道墙体

墙体性质		备注
砖墙	空心砖	空心砖无法捣制埋件 240 厚砖墙可以捣可以制预埋件

注意：当井道墙体为砖墙＋圈梁，且圈梁按每层层梁＋层梁间增加一档圈梁制作时，会增加若干档导轨支架，需增加费用。

6.7.2　电梯土建识图

以下以曳引比 2∶1 为例。

1. 电梯土建总体布置图介绍

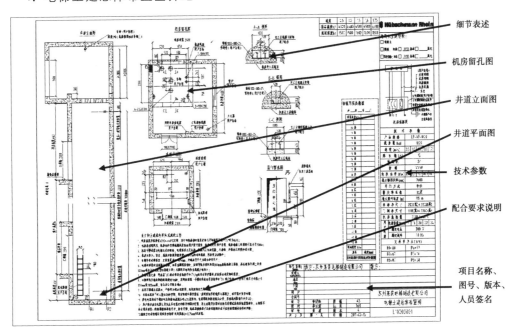

图 6-23　电梯土建总体布置图

2. 电梯安装总体布置图介绍

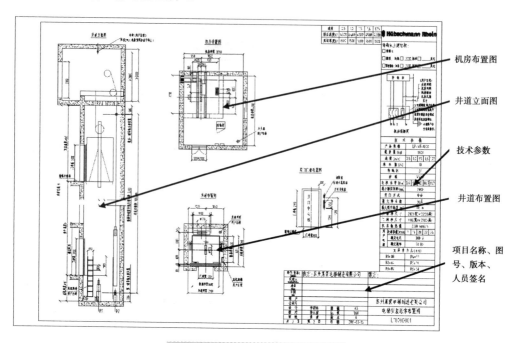

图 6-24　电梯安装总体布置图

3. 井道布置图详述

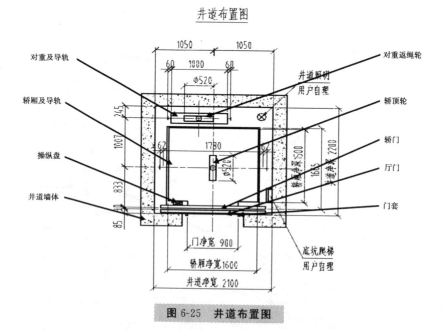

图 6-25　井道布置图

4. 机房布置图详述

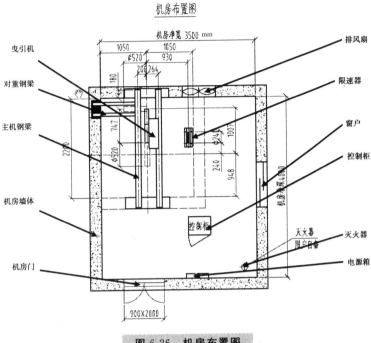

图 6-26 机房布置图

5. 层门门套布置详图

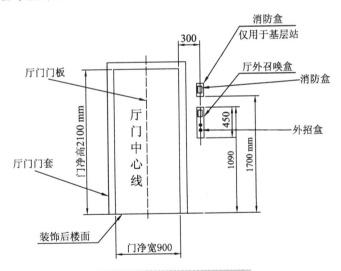

图 6-27 层门门套布置图

6. 井道立面详图

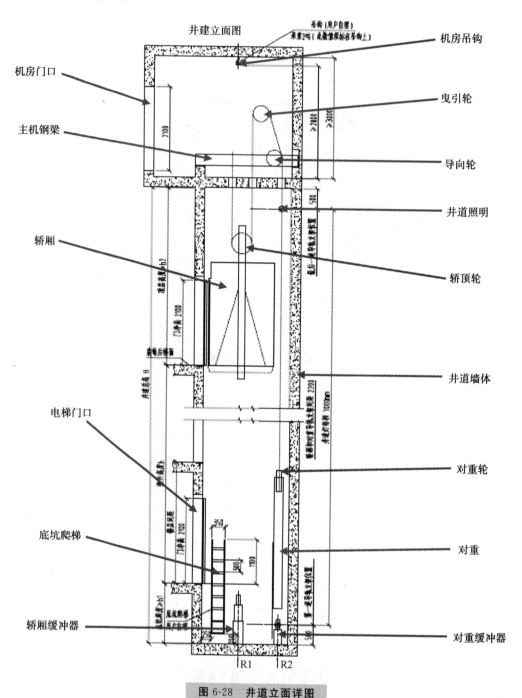

图 6-28 井道立面详图

7. 主机钢梁与对重钢梁固定详图

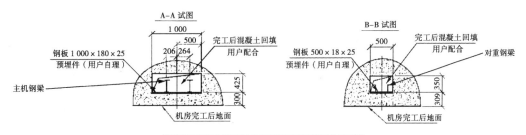

图 6-29 主机钢梁与对重钢梁布置

8. 自动扶梯布置图

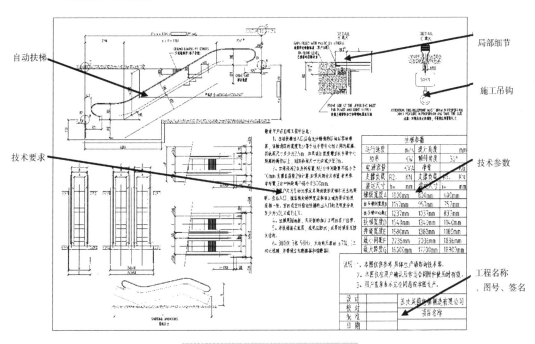

图 6-30 自动扶梯土建布置图

6.7.3 土建现场的测量

6.7.3.1 对于电梯勘测人员(一般为销售人员)的能力要求

(1) 能够读懂电梯标准布置图。即根据布置图向客户解释电梯井道土建技术问题，特殊问题可以向工厂技术支持人员咨询。

(2) 能够识别与电梯有关的建筑图纸，并应该能够在客户提供的建筑施工图中找到与电梯井道相关的图纸和有关的参数，其中包括：

① 电梯井道剖面图(包括层高、底坑深、机房高、厅门牛腿等)；

② 电梯井道平面图(包括井道内平面净尺寸、门口宽度及方向、墙厚等)；

③ 电梯机房平面图(包括机房平面尺寸、井道与机房的相对位置、门口位置等)。

也有的建筑施工图将以上内容合并在一张图上。许多建筑施工图还标明了按哪种品牌的电梯设计,以及施工时由电梯厂家指导等事项。

对于数量较多的电梯项目,要能够根据电梯井道详图与建筑总平面图中的定位轴线确定每台电梯的位置及编号。

还应该掌握一些常用的与电梯井道有关的建筑术语及相关知识,这有利于电梯技术人员与建筑设计及施工人员的沟通。例如,梁、柱、基础、过梁、圈梁、牛腿、主筋、箍筋、剪力墙、混凝土标号等这些名词的含义。

(3) 对井道进行现场测量并做好记录。

电梯销售人员应知道签订货合同需要哪些井道数据及其测量方法,还能够根据现场测量结果绘制草图。绘制的草图要求大致符合比例,数据标注准确,字迹清晰,特殊结构要注明,如有必要还应画出局部详图。测量尺寸只要精确到厘米就可以。

(4) 大致了解电梯安装的过程。

电梯安装基本步骤为:清理井道、查看现场是否具备安装条件、提供临时库房、拆箱验件、搭脚手架、制作样板、放基准线、安装导轨支架、安装导轨、安装机房设备、安装厅门装置、在底层装对重、在顶层装轿厢、安装井道机械设备、挂钢丝绳、安装电气装置布置井道电缆和随动电缆、整机调试验收。

了解电梯的整个安装过程有利于技术人员对电梯项目的整体技术把握,尤其是分批发货时掌握发货顺序。

6.7.3.2 现场测量的意义和作用

具备井道的测量及特殊井道条件的一般分析处理能力是当今业内公认的对销售人员的基本要求。一个现场知识丰富的销售员能够根据项目谈判中涉及的井道条件,对可供产品及土建改造初步方案作出快速的反应,缩短谈判进程,也就更容易赢得客户的信任和定单,同时还提高了企业的形象。

井道测量的目的,是向公司提供详细、真实的井道参数,使布置图设计人员能够绘制出符合现场实际情况的布置图。要特别提醒客户,合同签订确认图纸后如有土建变更应及时通知厂家,尽早做合同图纸变更,以防止影响安装。

在以下情况下需要进行井道测量:

(1) 用户无法提供井道的施工图纸;

(2) 用户提供的井道图纸不全或图纸中的数据不全;

(3) 现场施工尺寸与用户提供或确认的图纸尺寸不符。

布置图的作用是:

(1) 用于指导建筑设计部门进行井道土建设计或改造;

(2) 用于指导工厂进行结构设计并投料生产;

(3) 用于指导设备的现场放线安装。

布置图的绘制原则是尽量不改动或者少改动原有的井道土建结构。厂家提供的布置图是设计部门进行井道土建设计的依据,不能直接用于井道施工,施工单位应按照设计部门的施工图(蓝图)进行施工,但布置图也可供土建施工单位参考。

6.7.3.3 井道测量的基本内容

(1) 井道宽度:面对厅门,测量井道两侧壁间的净空尺寸。

井道净深:从厅门口内壁到井道后壁之间的净空尺寸。

对井道的宽度和净深,每一层都要测量,防止井道上下偏差过大。用一根细长木竿由厅门洞口探入井道内壁,再将木竿抽出来用尺测量探入部分长度。井道宽度测量用钢卷尺就可以了,如果井道净深不大,也可直接用钢卷尺探入井道测量。注意有的井道壁设计为下厚上薄,导致井道有下窄上宽现象。

(2) 门口:测量门洞宽度、高度及呼梯孔位置尺寸,还要测量左右两侧墙垛的宽度,以此判定门口中心是否位于井道中心,以及偏差多少。勘察门洞上方的钢筋混凝土过梁,一般要求 300 mm 高、与墙等厚、与井道等宽,用于安装层门装置。每一层的门洞下方必须有钢筋混凝土梁用以安装厅门地坎装置,如有牛腿须作记录。门口留洞高度一般为:自装修完工地面起,净开门高度+100 mm。

(3) 层高:在厅门口测量相邻两层楼板装修完工地面之间的垂直距离。可用一根木竿分段测量上一层楼板下皮到脚站地面的净尺寸,之后再加上楼板厚度即为该层层高。也可在与厅门地面等高的楼梯上下口处测量层高。

(4) 顶层高度:顶层装修完工地面到井道顶板下皮之间的净尺寸。

(5) 底坑深度:最低一层装修完工地面到坑底的深度。注意观察底坑内有无基础等结构突入井道内,如有,则须量出其尺寸,做好记录。

(6) 井壁结构:砖混结构井道须勘察有无圈梁,如有,须记录圈梁中心间距(一般要求圈梁高度为 300 mm,最小为 200 mm),如有埋件,需记录埋件尺寸及其间距。注意,许多情况下,如果不是按你所代表的厂家图纸设计的井道,埋件位置都有偏差。后对重的井道须三面布梁(或埋件),侧对重井道只须左、右两面布梁(或埋件)。还要注意井道的四角有无突出井道内部的立柱,井道内壁有无突出的梁等结构,并做好记录。埋件位置由厂家根据导轨支架与井道壁焊接固定的位置来确定,埋件一般用 12~16 mm 厚的钢板。

(7) 机房:量出机房的平面长度和宽度尺寸,标出机房与井道的相对位置,起台(如有)高度、吊钩下缘到井道顶板上皮之间的高度、机房开门位置及尺寸等,还要记录有无支撑台等情况。机房是否有高台及其高度尺寸决定了工厂发货时机房线盒的长短,急停开关的配置等问题。另外还要注意机器梁支撑台之间的距离(一般等于井道的宽度或净深),避免工厂发货时将机器梁发短。

6.7.3.4 井道一般土建问题的处理

1. 井道过大或过小

当井道两侧内壁距厅门中心线的尺寸,以及井道进深大于标准布置图尺寸 200 mm

以内时,是可以不改土建安装的,但要在图纸上注明实际尺寸,供厂家相应加长导轨支架。如果井道宽度或深度太大,就要采取加钢梁等补救措施,或向厂家设计人员咨询可否采用支架加长加固的办法。

厂家提供的标准土建布置图一般都是最小尺寸,为的是节省面积,提高产品的适应能力。因此如果井道小于标准尺寸,应该向工厂咨询。

要特别注意高层的土建偏差。厅门一侧井道内壁的垂直面偏差应保证在 0～+25 mm 之内,其他三面井道内壁的垂直面偏差应保证在 0～+50 mm 之内。

2. 井道四角有立柱出现

如果井道后侧左右某一角有立柱凸出时,不超过 200 mm×200 mm,一般是不影响安装的。但如果在厅门两侧井道的墙角处有突出的立柱,在标准井道宽度范围内是不允许的。

3. 顶层高度不够

这种情况应将机房井道局部向上抬高到顶层高度满足标准尺寸,即"起炕","起炕"后井道顶板上皮到吊钩下缘的距离必须满足安装空间要求,一般应大于 2 200 mm。如果"炕"的高度大于等于 500 mm,则安装后用户必须做高台护栏及爬梯(有时用户也会委托厂家来做)。

4. 底坑过深或过浅

如果底坑过深,必须回填到标准深度或比标准深度大 100 mm 以内的深度。底坑过浅则应首先建议用户深挖至标准深度,其次考虑抬高首层地面高度,即首层厅门口地面起坡或起台,最后再考虑降低速度。

5. 底坑内如有基础等突出结构

须如实测量,由厂家计算并做出设备或土建的整改方案,如须破坏基础结构,须经设计部门同意。

6. 底坑以下如有人能够到达的空间

这种情况下应首先建议用户封闭井道以下的空间,否则,井道底板的载荷须按 5000 N/m² 以上设计,并且对重以下区域须设置一直延伸到坚固地面上的实心桩墩。国标规定这种情况也可通过安装对重安全钳解决,但一般厂家不会轻易接受,因为安装对重安全钳会使机械结构更加复杂,价格也提高不少。

7. 砖混结构厅门口问题

如果门口上边只有很小的一段过梁,不能满足厅门安装要求,用户须在门口上方做两处钢夹板。夹板的位置及尺寸由厂家根据所选用的门机型号确定。

8. 砖混结构的井道

未完工的砖结构井道,可要求用户在每隔一定高度时做一圈梁,三面布置,在门口一侧断开,梁中心高度间距根据厂家产品型号不同而定,最大不应超过 2500 mm,梁高 300 mm,与墙等厚。其中最低一道圈梁距离坑底 500 mm,最高一道圈梁距离井道顶板下皮 500 mm。已经完工的框架添实心砖结构井道,可在固定导轨支承架的位置做钢夹板,夹板位置及尺寸由厂家提供,用户负责提供材料及施工。井道结构如果是空心砖又无圈梁,可考虑在框架之间加钢梁整改。

9. 多个井道相通

可在每相邻两个井道之间每隔一定高度固定一根 18～20♯工字钢梁,位置同圈梁。底坑须设置隔离网,并高出底层地面 2500 mm。

10. 对井道内壁的要求

井道内壁不要抹灰,这有利于降低噪声,但不能有异物凸出。

11. 机房电源

动力电源三相 380 V、50 Hz,照明电源单相 220 V、50 Hz 应进线到机房门口附近并装有进线插座。

6.7.3.5 几种不同现场条件的井道测量方法

1. 新建中的井道

当设计还没有完成,销售人员只要向用户提供所需规格的标准布置图,由用户委托设计部门进行井道设计即可。当设计已经完成,现场还没有施工、正在施工或已经完工,则厂家须根据目前的施工图或实测尺寸出图,如须改动原井道土建设计,应由用户委托设计部门根据厂家提供的布置图做井道设计修改。

2. 旧梯更新的井道

对于旧已经拆除的井道测量方法与刚施工完毕的井道一样。旧尚未拆除时,尽量在井道以外得到有关数据,如机房尺寸、层高、开门净尺寸等。旧尚未拆除时有以下两种情况。

(1) 当旧可以开动时。

这种情况测量井道必须请技工配合,并且一定要注意安全,由电梯技工打开首层的厅门,启动检修操作将轿厢开到二层以上,测量人员在首层测量底坑数据,注意记录底坑尺寸以及首层的井壁结构,如厅门是否居中、是否有牛腿、井道壁是否有特殊结构、圈梁间距、埋件位置等。然后测量人员到二层厅门口处,以检修速度开到轿顶略低于二层厅门地坎处时停车,技工从井道内打开厅门,测量并观察井道二层,然后按此方法逐层测量至顶层。

(2) 当旧不能开动时。

因井道无法进入,只能从井道外部得到有限的数据判断是否非标等(机房有高台时可以在机房测出井道平面尺寸,但不够准确)供报价谈判参考,如此时签定合同应声明井道整改及费用由用户负责。对于不能确定的井道结构及尺寸要提醒用户在旧梯拆除之后、新梯投产之前提供给厂家或通知厂家去人测量。

3. "无中生有"的井道

这类情况多为老或者大楼新建成后用户改变主意要求在楼内或外墙增设。销售人员首先初步察看现场是否具备井道及机房所需的空间,然后将用户所需规格的标准布置图作为设计条件由用户提供给设计部门,设计部门根据布置图分析现场底坑深度、顶层高度、反力等可否满足安装要求,以及需破坏哪些结构(如砸掉楼梯或楼板)等,制订改造施工方案。如果确实因为土建条件限制需要改变结构(如轿厢尺寸、开门宽度等),厂家再考虑的非标设计问题。

6.7.3.6 扶梯井道测量的基本内容

(1) 测量提升高度。与测量直梯的层高相同,严格地说,扶梯的提升高度是上、下两个支承梁处装修完工地面之间的垂直距离,用吊线法测量时应注意线坠定位点与扶梯下支承梁装修面之间有无落差。

(2) 测量上、下支承梁之间的梁边距。测量方法是:在上支撑点吊线到地面定位,然后再测从定位点到下支承梁边缘的水平距离。

(3) 上、下支撑梁的有效支撑宽度应大于扶梯桁架宽度,并应有预埋钢板。

(4) 测量底坑(如有)的长度、宽度、深度,注意观察支承梁处是否有凹槽及埋件。

(5) 注意扶梯两侧应留有 350 mm 以上的空间,平行排列时两扶梯之间不受此限。

(6) 要落实扶梯的排列方式并反馈厂家,以便厂家确定某些共用装置的配置、发货的顺序、连续排列时扶手带转弯对齐等因素。

(7) 对于需要中间加支撑的扶梯,要确定现场是否具备加支撑的条件,以及可以加支撑的范围,具体位置及支撑台的高度荷载大小等参数由厂家确定。

6.7.3.7 扶梯现场一般土建问题的处理

(1) 梁边距过大:

这种情况可通过增加扶梯上、下平台的长度来满足土建实际尺寸。可以一侧平台加长,也可以两侧平台同时加长,上、下平台的总加长量一般不宜超过 1000 mm。平台加长时要注意底坑长度或楼板开洞也应同时加长。扶梯加长后上下支撑点的受力也会增加。如果梁边距增加过长,扶梯桁架中间需加支撑。此外将扶梯角度由 35°改为 30°也能使梁边距变长。

(2) 梁边距过小:

通过缩短下平台的办法缩短扶梯的总长度,但注意缩短的范围很有限,一般不超过 200 mm。上平台一般不可以缩短,因为上平台内包含柜和电机等设备。将扶梯角度由 30°改为 35°也能使梁边距缩短。

(3) 在扶梯正上方有梁或其他障碍物:

梁或其他障碍物是否"碰头"可按下列公式判断(单位为mm):

$$(洞口长度 - 50 - 上平台长) \div 1.732 \text{ 或 } 1.428 - 梁高 \geqslant 2300$$

其中:

洞口长度和梁高(包括装修厚度)现场测量或用户提供;

50 为扶梯桁架到上支撑梁边的缝隙(有的厂家该值为 40);

常数 1.428 用于 35°角扶梯；1.732 用于 30°角扶梯；

上平台长根据厂家标准布置图确定；

2300 为国家标准规定的最小高度。

注：商场扶梯倾角一般不允许大于 30°。

(4) 楼内运输通道、门口高度或楼内回转空间不够。

这种情况下，如果土建不能改动，则扶梯出厂时必须分节运输（一般分为 2 节），在签订销售合同时要注明。整体桁架出厂后是无法分节的，扶梯设备不允许侧卧搬运。

(5) 扶梯动力电源设置：三相 380 V、50 HZ 要引线至自动扶梯上出口处。

(6) 自动人行道的测量：方法与自动扶梯基本类似，参照厂家标准布置图测量。

6.7.3.8 现场测量之前的准备

(1) 预约：去工地前要与用户或施工单位约好时间，以便更好地得到现场的配合，现场如有升降设备可先量机房及顶层以节省体力。

(2) 衣着：如果大楼正在施工，进工地时最好不要穿凉鞋，鞋底不宜太硬或太软，以防止崴脚或扎脚。最好穿长袖上衣、长裤，以免被材料刮伤皮肤，还应向施工单位借一顶安全帽戴上。

(3) 测量工具：现场借有时不方便，最好自备。一般直梯测量需一只 5 m 钢卷尺，扶梯需一只 20 m 皮卷尺，如果现场光线较暗手电筒必不可少。大型工地最好自备指南针，以免在楼内或楼群中迷失方向（以上工具总价不超过 40 元）。爬高层楼梯时体力消耗较大，可以带一瓶水。千万别忘带纸和笔！

(4) 配合：井道测量最好有人配合，尤其是测量扶梯井道时一个人量很不方便，可以带一个同事去或请用户派人配合。

(5) 了解现场：测量之前要向用户或施工单位的技术人员了解现场的情况，以便有目的地准备工具，对特殊结构重点测量。对于占地面积较大、数量较多、井道比较分散的大型项目在进入现场前可向用户要一张总平面图，或自己绘制一张位置分布草图，以便顺利地找到每个井道的位置。

6.7.3.9 其他事项

(1) 对暂时还无法确定的土建结构和无法测量（如井道内有杂物或积水）的数据绝不能估计和猜测，应提醒用户在数据落实后及时通知厂家，或在现场具备测量条件后再次测量。

(2) 应记录用户或者施工单位的联系人及联系电话，以便有技术问题时厂家设计人员可以直接与现场技术人员联系。

(3) 井道的测量和土建参数确认最好要在合同签定之前落实准确，以免后来发现井道实际情况与合同规格或图纸不符，因井道整改或规格变更而产生费用，由此与用户产生纠纷，这样一来多数对厂家不利。

(4) 合同签定后销售人员也应该注意跟踪进展情况，如发现设计或施工有变化，或者延期,应及时要求用户做合同变更,避免以后造成纠纷。

(5) 对于观光、无机房、液压、汽车梯等特殊类型的,各厂家的井道尺寸相差较大,确认土建应以厂家布置图为准,但原理是一样的。

(6) 电扶梯井道土建设计参照标准:GB 7588—2003《制造与安装安全规范》,GB 16899—1997《自动扶梯和自动人行道制造与安装安全规范》。具体条件和数据应以各厂家布置图为准。

思考题

1. 对电梯机房及井道设计提出技术要求的电梯标准有哪些?
2. 无机房电梯的主要布置形式有哪些?分别描述一下各种形式的特点。
3. 电梯在建筑物中的主要布置原则有哪些?
4. 自动扶梯和自动人行道的布置形式有哪些?
5. 建筑设计噪音解决方案主要有几种?
6. 进行电梯现场尺寸测量的意义和作用是什么?

附录 Ⅰ 常用电梯标准及技术规范目录

1. GB 7588—2003《电梯制造与安装安全规范》
2. GB 16899—2011《自动扶梯和自动人行道的制造与安装安全规范》
3. GB/T 21240—2007《液压电梯制造与安装安全规范》
4. GB/T 21739—2008《家用电梯制造与安装规范》
5. GB 25194—2010《杂物电梯制造与安装安全规范》
6. GB/T 10058—2009《电梯技术条件》
7. GB/T 10059—2009《电梯试验方法》
8. TSG T7001—2009《电梯监督检验和定期检验规则-曳引与强制驱动电梯》
9. TSG T5001—2009《电梯使用管理与维护保养规则》
10. GB/T 7025.1—2008《电梯主参数及轿厢、井道、机房的型式与尺寸 第1部分：Ⅰ、Ⅱ、Ⅲ、Ⅵ类电梯》
11. GB/T 7025.2—2008《电梯主参数及轿厢、井道、机房的形式与尺寸 第2部分：Ⅳ类电梯》
12. GB/T 24478—2009《电梯曳引机》
13. GB 8903—2005《电梯用钢丝绳》
14. GB/T 22562—2008《电梯T型导轨》
15. JG/T 5072.3—1996《电梯对重用空心导轨》
16. JG/T 5010—1992《住宅电梯的配置及选择》
17. GB/T 20900—2007《电梯、自动扶梯和自动人行道 风险评价和降低的方法》
18. GB 24803.1—2009《电梯安全要求 第1部分：电梯基本安全要求》
19. GB 24804—2009《提高在用电梯安全性的规范》
20. GB/T 24807—2009《电磁兼容电梯、自动扶梯和自动人行道的产品系列标准发射》
21. GB/T 24808—2009《电磁兼容电梯、自动扶梯和自动人行道的产品系列标准抗扰度》
22. GB/T 24475—2009《电梯远程报警系统》

附录 II

电梯土建常用表单

设备开箱检验记录

B-F2-1

工程名称			建设单位			施工单位		
分项工程名称			开箱日期					
序号	设备名称	规格	编号	附件		外表面状况		
				名　称	数量			

开箱记录：

建设（监理）单位代表		电梯供应商		设备安装单位代表	

电梯工程隐蔽验收记录

B-F2-2

工程名称		施工单位	

隐蔽内容及部位：

检查结果：

验收意见

专业施工负责人：　　　　　　　　　　　　专业监理工程师：

项目经理：　　　　　　　　　　　　　　　（建设单位项目负责人）

　　　　年　月　日　　　　　　　　　　　　　　　年　月　日

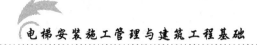

线路(设备)绝缘电阻测试记录

B-F2-3

工程名称					建设单位				
分项名称					施工单位				
额定工作电压					仪表型号				
试验电压等级									
单元(层次)									
回路或设备编号 / 阻值 / 相别									
A—B.C.O.地									
B—A.C.O.地									
C—A.B.O.地									
O—地									
单元(层次)									
相别阻值回路或设备编号									
A-B.C.O 地									
B—A.C.O.地									
C—A.B.O.地									
O—地									

检查结果：

专业技术负责人：　　　　质检员：　　　　测验人：　　　　　　　　　　　年　月　日

验收意见：

专业监理工程师(建设单位项目负责人)　　　　　　　　　　　　　　　　　　年　月　日

接地电阻测试记录

B-F2-4

工程名称				建设单位		
敷设类别				施工单位		
仪表型号				测试环境温度		
接地类别	设计值	实测值	季节系数	检测结果(Ω)	备 注	

测试布置简图:(注明测试点位置方向)

检查意见:

技术负责人:　　　　质检员:　　　　测试人:　　　　　　　　　　年　月　日

验收意见:

专业监理工程师(建设单位项目负责人):　　　　　　　　　　　　　　年　月　日

电梯工程负荷试验、安全装置检查记录

B-F2-5

工程名称		施工单位	
概况			
检查记录：			

施工单位项目经理：　　　　　　　　　　　　　　监理工程师：
　　　　　　　　　　　　　　　　　　　　　　　（建设单位项目负责人）

　　年　月　日　　　　　　　　　　　　　　　　　　年　月　日

电梯运行记录

B-F2-6

工程名称			施工单位		
试验项目		试验时载重		试验时间(分)	试验结果
		额定值%	试验实际重量(公斤)	额定值 实测值	
静载试验	额梯、医梯和起重量小于2000公斤货梯	200		10	
	其他各类梯	150		10	
负荷试验	各类梯	空载		90	
	各类梯	50		90	
	各类梯	100		90	
超载试验	各类梯	110		30	

检查情况：

监理工程师：
(建设单位项目负责人)　　　　　　　　　　　　　检测单位：

施工项目经理：　　　　　　　　　　　　　　　　试验人员：

电梯安装工程设备进场质量验收记录表

GB 50310—2002

B-F2-1

110101 □□
110201 □□

单位(子单位)工程名称					
分部(子分部)工程名称				验收部位	
施工单位				项目经理	
分包单位				分包项目经理	
施工执行标准名称及编号					
		施工质量验收规范的规定		施工单位检查评定记录	监理(建设)单位验收记录
主控项目	1	随机文件必须包括	(1) 土建布置图	第4.1.1条 第5.1.1条	
			(2) 产品出厂合格证		
			(3) 门锁装置、限速器、安全钳及缓冲器的型式试验证书复印件		
一般项目	1	随机文件还应包括	(1) 装箱单	第4.1.2条 第5.1.2条	
			(2) 安装、使用维护说明书		
			(3) 动力和安全电路的电气原理图		
			(4) 液压系统原理图		
	2	设备零部件与装箱单		内容相符	
	3	设备外观		无明显损坏	

施工单位检查评定结果	专业工长(施工员) 施工班组长 项目专业质量检查员： 年 月 日
监理(建设)单位验收结论	专业监理工程师： (建设单位项目专业技术负责人)： 年 月 日

电梯安装土建交接质量验收记录表

GB 50310—2002　　　　　　　　　　　　　　　　　　　　　　　B-F2-2

110101 □□
110202 □□

单位(子单位)工程名称					
分部(子分部)工程名称				验收部位	
施工单位				项目经理	
分包单位				分包项目经理	
施工执行标准名称及编号					
		施工质量验收规范的规定		施工单位检查评定记录	监理(建设)单位验收记录
主控项目	1	机房内部、井道土建(钢架)结构布置	必须符合电梯土建布置图要求		
	2	主电源开关	第4.2.2条		
	3	井道	第4.2.3条		
一般项目	1	机房还应符合的规定	第4.2.4条		
	2	井道还应符合的规定	第4.2.5条		

施工单位检查评定结果	专业工长(施工员)　　　　　施工班组长 项目专业质量检查员：　　　　　　　　　　　年　月　日
监理(建设)单位验收结论	 专业监理工程师： (建设单位项目专业技术负责人)：　　　　　　　年　月　日

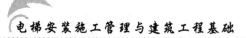

电梯驱动主机安装工程质量验收记录表

(曳引式或强制式)GB 50310—2002　　　　　　　　　B-F2-3

110103

单位(子单位)工程名称				
分部(子分部)工程名称			验收部位	
施工单位			项目经理	
分包单位			分包项目经理	
施工执行标准名称及编号				

		施工质量验收规范的规定		施工单位检查评定记录	监理(建设)单位验收记录
主控项目	1	驱动主机安装	第4.3.1条		
一般项目	1	主机承重埋设	第4.3.2条		
	2	制动器动作、制动间隙	第4.3.3条		
	3	驱动主机及其底座与梁安装	产品设计要求		
	4	驱动主机减速箱内油量	应在限定范围		
	5	机房内钢丝绳与楼板孔洞间隙	第4.3.6条		

施工单位检查评定结果	专业工长(施工员)　　　　　　　施工班组长 项目专业质量检查员：　　　　　　　　　　　　　年 月 日
监理(建设)单位验收结论	 专业监理工程师： (建设单位项目专业技术负责人)：　　　　　　　年 月 日

电梯导轨安装工程质量验收记录表

GB 50310—2002

B-F2-4
110104 □□
110203 □□

单位(子单位)工程名称					
分部(子分部)工程名称				验收部位	
施工单位				项目经理	
分包单位				分包项目经理	
施工执行标准名称及编号					
		施工质量验收规范的规定		施工单位检查评定记录	监理(建设)单位验收记录
主控项目	1	导轨安装位置	设计要求		
一般项目	1	两列导轨顶面间的距离偏差	轿厢导轨(mm)0～+2		
			对重导轨(mm)0～+3		
	2	导轨支架安装	第4.4.3条		
	3	每列导轨工作面与安装基准线每5 m偏差值	轿厢导轨和设有安全钳的对重导轨≤0.6 mm		
			不设安全钳的对重导轨≤1.0 mm		
	4	轿厢导轨和设有安全钳的对重导轨工作面接头	第4.4.5条		
	5	不设安全钳对重导轨接头	接头缝隙(mm)≤1.0 mm		
			接头台阶(mm)≤0.15 mm		
施工单位检查评定结果		专业工长(施工员)		施工班组长	
		项目专业质量检查员：			年 月 日
监理(建设)单位验收结论		专业监理工程师： (建设单位项目专业技术负责人)：			年 月 日

电力液压电梯门系统安装工程质量验收记录表

GB 50310—2002

B-F2-5

110105 ☐☐
110205 ☐☐

单位(子单位)工程名称					
分部(子分部)工程名称				验收部位	
施工单位				项目经理	
分包单位				分包项目经理	
施工执行标准名称及编号					
		施工质量验收规范的规定		施工单位检查评定记录	监理(建设)单位验收记录
主控项目	1	层门地坎至轿厢地坎间距离偏差	第4.5.1条		
	2	层门强迫关门装置	必须动作正常		
	3	水平滑动门关门开始1/3行程之后,阻止关门的力	≤150N		
	4	层门锁钩动作要求	第4.5.4条		
一般项目	1	门刀与层门地坎、门锁滚轮与轿厢地坎间隙	≥5mm		
	2	层门地坎水平度	≯2/1000		
		层门地坎应高出装修地面	2～5mm		
	3	层门指示灯、盒及各显示安装	第4.5.7条		
	4	门扇及其与周边间隙	第4.5.8条		
施工单位检查评定结果	专业工长(施工员)		施工班组长		
	项目专业质量检查员:			年 月 日	
监理(建设)单位验收结论	专业监理工程师: (建设单位项目专业技术负责人):			年 月 日	

电梯轿厢及对重安装工程质量验收记录表

GB 50310—2002

B-F2-6

110106 □□
110206 □□

单位(子单位)工程名称				
分部(子分部)工程名称			验收部位	
施工单位			项目经理	
分包单位			分包项目经理	
施工执行标准名称及编号				
施工质量验收规范的规定			施工单位检查评定记录	监理(建设)单位验收记录
主控项目	1	玻璃轿壁扶手的设置	第4.6.1条		
一般项目	1	反绳轮应设防护装置	第4.6.2条		
	2	轿顶防护及警示规定	第4.6.3条		
	3	反绳轮和挡绳装置	第4.7.1条		
	4	对生(平衡重)块安装	第4.7.2条		
施工单位检查评定结果	专业工长(施工员) 施工班组长 项目专业质量检查员： 年 月 日			
监理(建设)单位验收结论	 专业监理工程师： (建设单位项目专业技术负责人)： 年 月 日			

电梯安全部件安装工程质量验收记录表

GB 50310—2002

B-F2-7

110107 □□
110207 □□

单位(子单位)工程名称						
分部(子分部)工程名称				验收部位		
施工单位				项目经理		
分包单位				分包项目经理		
施工执行标准名称及编号						
		施工质量验收规范的规定		施工单位检查评定记录	监理(建设)单位验收记录	
主控项目	1	限速器动作速度封记	第4.8.1条			
	2	安全钳可调节封记	第4.8.2条			
一般项目	1	限速器张紧装置安装位置	第4.8.3条			
	2	安全钳与导轨间隙	设计要求			
	3	缓冲器撞板中心与缓冲器中心相关距离及偏差	第4.8.5条			
	4	液压缓冲器垂直度及充液量	第4.8.6条			
施工单位检查评定结果	专业工长(施工员)		施工班组长			
	项目专业质量检查员:				年 月 日	
监理(建设)单位验收结论	专业监理工程师: (建设单位项目专业技术负责人):				年 月 日	

电梯悬挂装置、随行电缆、补偿装置安装工程质量验收记录表

GB 50310—2002

B-F2-8

110108

单位(子单位)工程名称					
分部(子分部)工程名称				验收部位	
施工单位				项目经理	
分包单位				分包项目经理	
施工执行标准名称及编号					
		施工质量验收规范的规定		施工单位检查评定记录	监理(建设)单位验收记录
主控项目	1	绳头组合	第4.9.1条 第5.9.1条		
	2	钢丝绳严禁有死弯	第4.9.2条 第5.9.2条		
	3	轿厢悬挂的两根绳(链)发生异常相对伸长时,电气安全开关动作可靠	第4.9.3条 第5.9.3条		
	4	随行电缆严禁打结和波浪扭曲	第4.9.4条 第5.9.4条		
一般项目	1	每根钢丝绳张力与平均值偏差不大于5%	第4.9.5条 第5.9.5条		
	2	随行电缆的安装规定	第4.9.6条 第5.9.6条		
	3	补偿绳、链、缆等补偿装置的端部应固定可靠	第4.9.7条		
	4	张紧轮、补偿绳张紧的电气安全开关动作可靠,张紧轮应安防护装置	第4.9.8条		
施工单位检查评定结果	专业工长(施工员)			施工班组长	
	项目专业质量检查员:				年 月 日
监理(建设)单位验收结论	专业监理工程师: (建设单位项目专业技术负责人):				年 月 日

电梯电气装置安装工程质量验收记录表

GB 50310—2002　　　　　　　　　　　　　　　　　　　　　　　B-F2-9

110109 □□
110209 □□

单位(子单位)工程名称							
分部(子分部)工程名称					验收部位		
施工单位					项目经理		
分包单位					分包项目经理		
施工执行标准名称及编号							
		施工质量验收规范的规定		施工单位检查评定记录		监理(建设)单位验收记录	
主控项目	1	电气设备接地		第4.10.1条			
	2	导体之间、导体对地之间绝缘电阻		第4.10.2条			
一般项目	1	主电源开关不应切断的电路		第4.10.3条			
	2	机房和井道内配线		第4.10.4条			
	3	导管、线槽敷设		第4.10.5条			
	4	接地支线色标		应采用黄绿相间的绝缘导线			
	5	控制柜(屏)的安装位置		设计要求			
施工单位检查评定结果		专业工长(施工员)　　　　　　　施工班组长 项目专业质量检查员：　　　　　　　　　　　　年　月　日					
监理(建设)单位验收结论		专业监理工程师： (建设单位项目专业技术负责人)：　　　　　　　年　月　日					

电梯整机安装工程质量验收记录表

GB 50310—2002

B-F2-10

110110 □□

单位(子单位)工程名称				
分部(子分部)工程名称			验收部位	
施工单位			项目经理	
分包单位			分包项目经理	
施工执行标准名称及编号				
		施工质量验收规范的规定	施工单位检查评定记录	监理(建设)单位验收记录
主控项目	1	安全保护验收　　第4.11.1条		
	2	限速器安全钳联动试验　第4.11.2条		
	3	层门与轿门试验　　第4.11.3条		
	4	曳引式电梯曳引能力试验　第4.11.4条		
一般项目	1	曳引式电梯平衡系数　0.4～0.5		
	2	试运行试验　　第4.11.6条		
	3	噪声检验　　第4.11.7条		
	4	平层准确度检验　第4.11.8条		
	5	运行速度检验　第4.11.9条		
	6	观感检查　　第4.11.10条		
施工单位检查评定结果		专业工长(施工员)　　　　施工班组长　　　　　　　　　　　　　　　　　　　　　　项目专业质量检查员：　　　　　　　　　　　年　月　日		
监理(建设)单位验收结论		专业监理工程师：(建设单位项目专业技术负责人)：　　　　　　　　　　　　　　　年　月　日		

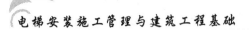

电梯液压系统安装工程质量验收记录表

GB 50310—2002 B-F2-11

110203

单位(子单位)工程名称					
分部(子分部)工程名称				验收部位	
施工单位				项目经理	
分包单位				分包项目经理	
施工执行标准名称及编号					
		施工质量验收规范的规定		施工单位检查评定记录	监理(建设)单位验收记录
主控项目	1	液压泵站及顶升机构安装	顶升机构安装　　安装牢固		
			缸体垂直度　　严禁＞0.4‰		
一般项目	1	液压电路连接	第5.3.2条		
	2	液压泵站油位显示	第5.3.3条		
	3	显示系统工作压力的压力表	第5.3.4条		

施工单位检查评定结果

　　　　　　　　　　专业工长(施工员)　　　　　施工班组长

　　　　　　　　　　项目专业质量检查员：　　　　　　　　　　　年　月　日

监理(建设)单位验收结论

　　　　　　　　　　专业监理工程师：
　　　　　　　　　　(建设单位项目专业技术负责人)：　　　　　年　月　日

液压电梯悬挂装置、随行电缆质量验收记录表

GB 50310—2002　　　　　　　　　　　　　　　　　　　　　　　　　　　B-F2-12
110208 □□

单位(子单位)工程名称				
分部(子分部)工程名称			验收部位	
施工单位			项目经理	
分包单位			分包项目经理	
施工执行标准名称及编号				
施工质量验收规范的规定			施工单位检查评定记录	监理(建设)单位验收记录
主控项目	1 绳头组合	第5.9.1条		
	2 钢丝绳	严禁有死弯		
	3 轿厢悬挂要求	第5.9.3条		
	4 随行电缆要求	第5.9.4条		
一般项目	1 钢丝绳、链条张力	第5.9.5条		
	2 随行电缆一般要求	第5.9.6条		
施工单位检查评定结果	专业工长(施工员)　　　　　　　　　施工班组长 项目专业质量检查员：　　　　　　　　　　　　　　年　月　日			
监理(建设)单位验收结论	专业监理工程师： (建设单位项目专业技术负责人)：　　　　　　　　　年　月　日			

液压电梯整机安装质量验收记录表

GB 50310—2002　　　　　　　　　　　　　　　　　　　　　　　　B-F2-13
　　　　　　　　　　　　　　　　　　　　　　　　　　　　　　　　110210 □□

单位(子单位)工程名称					
分部(子分部)工程名称				验收部位	
施工单位				项目经理	
分包单位				分包项目经理	
施工执行标准名称及编号					
		施工质量验收规范的规定		施工单位检查评定记录	监理(建设)单位验收记录
主控项目	1	液压电梯的安全保护	第5.11.1条		
	2	限速器安全钳联动试验	第5.11.2条		
	3	层门与轿车门试验	第4.11.3条		
	4	超载试验,当轿厢载有120%额定载荷时液压电梯严禁启动	第5.11.4条		
一般项目	1	运行试验	第5.11.5条		
	2	噪声检验	第5.11.6条		
	3	平层准确度检验	第5.11.7条		
	4	运行速度检验	第5.11.8条		
	5	额定载重沉降量试验	第5.11.9条		
	6	液压泵站溢流阀压力检查	第5.11.10条		
	7	超压静载试验	第5.11.11条		
	8	观感检查	第4.11.12条		
施工单位检查评定结果	专业工长(施工员)　　　　　　施工班组长 项目专业质量检查员:　　　　　　　　　　　　年　月　日				
监理(建设)单位验收结论	专业监理工程师: (建设单位项目专业技术负责人):　　　　　　　　年　月　日				

自动扶梯、自动人行道设备进场质量验收记录表

GB 50310—2002

B-F2-14
110301 □□

单位(子单位)工程名称				
分部(子分部)工程名称			验收部位	
施工单位			项目经理	
分包单位			分包项目经理	
施工执行标准名称及编号				

	施工质量验收规范的规定		施工单位检查评定记录	监理(建设)单位验收记录
主控项目	必须提供的资料	技术资料	梯级或踏板的型式试验报告复印件;或胶带的断裂强度证明文件复印件		
			对公共交通型自动扶梯、自动人行道应有扶手带的断裂强度证书复印件		
		随机文件	土建布置图		
			产品出厂合格证		
一般项目	1	随机文件还应提供	装箱单		
			安装、使用维护说明书		
			动力及安全电路的电气原理图		
	2	设备零部件	应与装箱单内容相符		
	3	设备外观	不存在明显损坏		

施工单位检查评定结果	专业工长(施工员) 施工班组长 项目专业质量检查员: 年 月 日
监理(建设)单位验收结论	 专业监理工程师: (建设单位项目专业技术负责人:) 年 月 日

自动扶梯、自动人行道土建交接检验质量验收记录表

GB 50310—2002　　　　　　　　　　　　　　　　　　　B-F2-15
110302

单位(子单位)工程名称					
分部(子分部)工程名称				验收部位	
施工单位				项目经理	
分包单位				分包项目经理	
施工执行标准名称及编号					
		施工质量验收规范的规定		施工单位检查评定记录	监理(建设)单位验收记录
主控项目	1	梯级、踏板或胶带上空垂直净高	≮2.3m		
	2	安装前井道周围的栏杆或屏隙高度	≮1.2m		
一般项目	1	土建主要尺寸允许偏差	提升高度(mm)	第6.2.3条	
			跨度(mm)		
	2	设备进场	通道和搬运空间		
	3	安装前土建单位提供	水准基准线标识		
	4	电源零件与接地线应分开,接地装置电阻	≯4Ω		

	专业工长(施工员)		施工班组长	
施工单位检查评定结果				
	项目专业质量检查员：			年　月　日
监理(建设)单位验收结论				
	专业监理工程师： (建设单位项目专业技术负责人)：			年　月　日

自动扶梯、自动人行道整机安装质量验收记录表

GB 50310—2002

B-F2-16
110303

单位(子单位)工程名称				
分部(子分部)工程名称			验收部位	
施工单位			项目经理	
分包单位			分包项目经理	
施工执行标准名称及编号				
施工质量验收规范的规定			施工单位检查评定记录	监理(建设)单位验收记录
主控项目	1	自动停止运行规定 第6.3.1条		
	2	不同回路导线对地绝缘电阻测量 第6.3.2条		
	3	电器设备接地 第4.10.3条		
一般项目	1	整机安装检查 第6.3.4条		
	2	性能试验 第6.3.5条		
	3	制动试验 第6.3.6条		
	4	电气装置 第6.3.7条		
	5	观感检查 第6.3.8条		

	专业工长(施工员)		施工班组长	
施工单位检查评定结果	项目专业质量检查员：			年 月 日
监理(建设)单位验收结论	专业监理工程师： (建设单位项目专业技术负责人)：			年 月 日

参考文献

[1] 李秧耕. 电梯基本原理及安装维修全书[M]. 北京:机械工业出版社,2001.

[2] 夏国柱. 电梯工程实用手册[M]. 北京:机械工业出版社,2008.

[3] 芮静康. 电梯工程施工技术与质量控制[M]. 北京:机械工业出版社,2008.

[4] 章世松. 电梯系统安全运行与设备故障诊断检修及标准规范实用手册[M]. 北京:北京北大方正电子出版社,2002.

[5] 柴效增. 电梯工程施工工艺标准[M]. 北京:中国建筑工业出版社,2003.

[6] 刘培尧. 电梯原理与维修[M]. 2版. 北京:电子工业出版社,1999.

[7] 陈家盛. 电梯结构原理及安装维修[M]. 2版. 北京:机械工业出版社,2000.